高动载作用下变截面梁振动主动控制技术研究

郭保全　著

西北工业大学出版社

西　安

【内容简介】 本书针对机械、桥梁、兵器、航空航天等领域中常见的发射架、身管、传送带、桥梁、机械臂等结构，对高动载作用下的变截面梁结构振动及其振动控制问题进行了研究，内容包括绪论、旋转移动质量作用下变截面梁的振动、轴向运动厚壁圆筒变截面梁的振动、旋转移动载荷作用下轴向运动梁的横向振动、陆上射击时火炮身管振动方程的建立和振动特性研究、陆上射击时火炮身管振动主动控制和实验研究、两栖火炮水上射击时身管振动方程的建立和振动特性研究、两栖火炮水上射击时的身管振动主动控制研究、几个特殊问题及其他研究方法、结论和展望等 10 章。

本书可用作高等院校机械、力学、兵器、航空航天、桥梁等相关专业研究生教材，也可供从事结构动力学和复杂结构振动分析与控制方面研究的学生和研究人员参考使用。

图书在版编目（CIP）数据

高动载作用下变截面梁振动主动控制技术研究 / 郭保全著 . — 西安：西北工业大学出版社，2022.12
ISBN 978-7-5612-8198-7

Ⅰ.①高… Ⅱ.①郭… Ⅲ.①变截面梁－结构振动控制－研究 Ⅳ.① TU323.3

中国国家版本馆 CIP 数据核字（2023）第 017532 号

GAODONGZAI ZUOYONG XIA BIANJIEMIANLIANG ZHENDONG ZHUDONG KONGZHI JISHU YANJIU

高动载作用下变截面梁振动主动控制技术研究
郭保全　著

责任编辑：曹　江	装帧设计：周湘花

责任校对：王玉玲
出版发行：西北工业大学出版社
通信地址：西安市友谊西路 127 号　　邮编：710072
电　　话：（029）88491757，88493844
网　　址：www.nwpup.com
印　刷　者：广东虎彩云印刷有限公司
开　　本：787 mm×1 092 mm　　1/16
印　　张：10
字　　数：133 千字
版　　次：2022 年 12 月第 1 版　　2022 年 12 月第 1 次印刷
书　　号：ISBN 978-7-5612-8198-7
定　　价：88.00 元

如有印装问题请与出版社联系调换

　　振动是日常生活和工程实际中普遍存在的一种现象，它会给日常生活和工程带来危害，影响结构的工作性能和使用寿命，导致零部件早期失效，还会引起噪声污染，甚至造成灾难性的事故。由于现代机械和其他结构向大功率、高速度、高精度、轻型化和微型化等方向发展，振动问题也越来越突出，工程中有大量的振动问题需要人们研究、分析和处理。振动学是整个力学中最重要的研究领域之一，在进行振动特性分析的基础上，通过各种技术途径尽量减少结构振动，是本书的主要研究内容。

　　梁结构是实际中最常见的结构之一，为满足不同的使用功能，出现了多种多样的梁结构，它们受到的载荷各不相同，所产生的振动的规律和特性也各有不同。梁的振动问题是振动学的主要研究方向之一。在各类梁结构中，承受动载荷的各种复杂变截面梁结构的振动是一个非线性振动问题。

　　移动载荷作用下的梁振动和轴向运动梁振动是两类比较常见的非线性问题，在交通、物流、机器人、工程机械、航天和军事上都有应用。车辆与桥梁、天车与重物、流体与管道以及火箭弹与发射管之间的耦合振动属于移动载荷作用下的梁振动问题，输送带、纸带、纺织纤维、带锯、缆车索道、机器人手臂伸展取物、航天结构中伸展柔性附件等属于轴向运动梁振动问题。这两类问题都具有非线性特性。

　　工程中还有一类问题，将以上两类问题结合在一起，即移动载荷作用下的轴向运动梁振动问题，其具有很强的非线性特性。如果移动载荷或移动质量受到的是高冲击动载荷，梁在做轴向变速运动，其振动特性将更为复杂，火炮发射时身管的振动就属于此类问题。

火炮射击时身管受到以下几种同时存在的运动的作用：膛内高温、高压火药气体冲击作用，在膛内旋转移动的弹丸运动，炮口部集中质量的重力和惯性运动以及炮身轴向的后坐复进运动。火炮身管振动中，其悬臂长度和激励载荷的作用点和大小都是时变的，简称双时变。

对于两栖火炮来说，除了以上因素，火炮的巨大后坐力会使整个火炮产生较大的后退、升沉、侧漂、纵摇、横摇和回转运动，这些运动除了直接影响火炮身管的整体运动外，还会与身管本身的振动产生耦合作用，使火炮身管的振动更加复杂，从而影响炮口扰动和火炮的射击精度。对于两栖火炮来说，还要考虑射击时车体在水中的运动的影响，而此运动本身又与火炮和水的流固耦合非线性作用有关，过程十分复杂。

两栖登陆作战是我国未来战争中的一种主要作战形式，具有两栖作战能力的自行火炮作为在战场上杀伤和威慑敌人的主要压制兵器，扮演着登陆作战的主要角色。水上射击时，影响射击精度的直接因素就是火炮的炮口振动，因此，研究水上射击时火炮身管的振动对于进行两栖火炮水上射击动力学分析，实现两栖火炮水上射击并提高其射击精度，具有十分重要的理论和实际意义。

振动对变截面梁结构有很大的危害，因此应该设法对其振动进行控制。振动控制一般分为主动控制和被动控制两种方式。随着材料科学、计算机技术和测控技术的发展，振动主动控制由于适应性强、控制效果明显等优点得到了普遍的关注和广泛的研究。近年来，智能结构概念的提出和研究应用，赋予结构振动主动控制以新的思想。目前，学界对于简单梁结构的主动控制研究较多，相对比较成熟，但对于像火炮身管振动这种受移动载荷作用的轴向变截面梁结构的主动控制，难度较大，研究较少。

本书针对机械、桥梁、兵器、航空航天等领域中常见的发射架、身管、传送带、桥梁、机械臂等结构，在高动载作用下的变截面梁结构振动及其振动控制问题开展研究。首先，进行三种通用高动载作用下变截面梁的振动建模与分析，包括高动载移动质量作用下的变截面梁振动、非定速轴向运动变截面梁振动、高动载移动质量作用下的非定速轴向运动变截面梁振动问题。其次，以两栖火炮陆上射击时的身管振动问题作为应用实例进行建模分析，再利用压电智能材料实现其振动主动控制。再次，在前两者的基础上进行水上射击时的身管振动分析及振动主动控制问题分析。最后，对其他几种结构的研究思路以及此类问题的其他研究方法进行介绍。

本书是在笔者多年从事复杂结构振动智能控制技术研究成果的基础上编写而成的，具有一定的理论性和工程化应用价值，可用作高等院校机械、力学、兵器、航空航天、桥梁等相关专业研究生教材，也可供从事结构动力学和复杂结构振动分析与控制研究的学生和研究人员参考使用。

在本书的撰写过程中，笔者参考了一些国内外的资料，限于篇幅，在参考文献中只列出其中的一部分，在此谨向原作者表示衷心感谢。

本书受到某兵器预研项目和某特区创新项目的支持，以及中北大学潘玉田教授团队和西安交通大学张希农教授团队的大力支持和帮助，在此一并表示感谢。也感谢长沙谷风图书有限公司和西北工业大学出版社的各位领导、编辑的热情帮助。

由于水平有限，书中的缺漏之处在所难免，敬请读者批评指正。

郭保全

2022 年 8 月

目　录

| 第1章 |

绪　　论

1.1　研究背景

1.1.1　动载荷作用下变截面轴向运动梁振动

随着工业化和城市现代化进程的不断推进，各行各业中出现了各种各样的机械、土木等结构，其中梁结构是最常见的结构之一。为满足不同的功能，梁的结构也多种多样，受到的载荷各不相同，在此工况下必然会带来振动问题，对结构的使用造成影响，所产生的振动的规律和特性也各有不同。因此，采用各种技术途径尽量减少结构振动成为本书的主要研究内容。

在交通领域，各种桥梁特别是拱桥，多为变截面梁结构，当车辆或行人通过桥面时，相当于移动质量作用下的变截面梁振动问题，分析其振动规律、控制桥梁振动从而延长其使用寿命是桥梁设计中主要考虑的问题。

在物流行业，各种货物传送机械，如传送带结构，在输送货物时，传送带在做轴向运动，其上又有货物重力作用，是典型的带移动质量的轴向运动梁振动问题。分析其振动特性并减少传送带振动，对于提高工作效率和延长使用寿命十分重要。

在工程机械中，车间里的天车很明显是一个移动质量作用下的梁结构，起重机械中起重臂在伸展吊装过程中，属于受货物重力作用的轴向运动梁结构。在机器人和智能化车间中，机械臂抓取重物进行移动时的工况也有类似特性。

在航天发射过程中火箭从发射架发射，在导弹发射过程中导弹从发射筒发射，都相当于移动质量作用下的梁振动问题。

在兵器行业中，火炮发射时，弹丸在火药气体作用下从身管中发射出去，同时身管做后坐复进运动，过程更为复杂，属于移动载荷作用下变截面轴向运动梁结构，而且由于发射载荷为高冲击载荷，因而具有双时变特性。其所引起的振动对于火炮射击精度和寿命影响极大，是火炮行业的重点研究问题。

在以上各类问题中，火炮身管的振动最为复杂，特别是两栖火炮水上射击时，其复杂性更为突出。下面以两栖火炮水上射击时身管振动及其振动控制问题为研究对象，对其基本现象进行分析。

1.1.2 火炮身管振动及其振动控制问题

随着现代和未来战争对武器系统的威力和机动性要求的不断提高，现代火炮的口径越来越大，身管越来越长，射速越来越高，而为了提高机动性要求，全炮质量尽量要轻，火炮的振动问题越来越严重。因此，为了确保能打赢未来战争，利用高新技术有效地抑制现有装备和在研装备的振动成为当前十分重要且急需完成的任务。

引起身管振动的因素很多，如身管本身的自重弯曲和动力弯曲、弹丸的重力和质量偏心、炮膛的动力偶矩、反后坐装置缓冲，以及身管与摇架的耦合作用等，这些作用具有瞬时冲击的特性，而且在几米长的身管口部还有一个几十千克的炮口制退器，更加剧了身管的弯曲和振动，所以即使炮管有轻微的弯曲，弹丸在通过时也会产生很大的反作用力，从而导致炮管的激烈颤振，使得弹丸在飞出膛口时偏离预定位置，不仅极大地降低了射击密集度，直接影响到射击的命中率，而且会导致结构的疲劳破坏，严重影响身管技战术性能[1]。

在火炮射击时，身管受到以下几种同时存在的运动的作用：膛内高温、高压火药气体冲击，在膛内旋转移动的弹丸运动，炮口部集中质量的重力和惯性运动，以及炮身轴向的后坐复进运动。火炮身管振动中其悬臂长度和激励载荷的作用点和大小都是时变的，称为双时变[2]。因此，要分析身管的动力学特性，就必须将以上因素全部考虑进去，这是一个比较复杂的双时变非线性问题。到目前为止，这方面的绝大部分研究都还是粗糙和不太完善的，因而精确地建立火炮射击时身管动力学分析理论和模型并进行分析，是十分必要且有实际意义的。

既然火炮身管的振动对于火炮的射击精度有很大影响，在实际中就要设法减少其振动。目前大多采用被动控制方法，传统的解决方法包括阻尼减振、动态设计与修改等，如在身管上安装动力吸振器等，但由于受到多种因素（如质量和通用性差等）的限制，应用很有限，效果并不明显，并且其具有控制频带窄、低频效果差和难以适应火炮内部参数及外界条件的变化等缺点，因此，传统的被动振动控制方法很难获得令人满意的抑振效果。为确保身管的技战术性能，必须在柔性身管结构内设置具有振动智能控制功能的结构[3]。

随着振动控制技术和智能材料（或机敏材料）的发展，对火炮身管的振动进行主动控制开始成为可能。智能结构能感知周围环境变化，对外界做出理想的瞬时主动响应。利用智能材料结构设计制造的火炮依靠振动控制系统内部的自适应能力，可以明显抑制振动、减小结构变形、提高射击精度以及延长武器使用寿命，同时也是建立和修改控制模型较为有效的手段 [4]。

由于恶劣的工作环境和很高的控制要求，学者开始了少量探索性的研究 [3-8]，但还不深入，也没有实际应用。因此，对火炮身管的振动主动控制技术开展深入的研究是十分有意义的，具有很高的应用价值，对于提高和改进火炮系统性能具有很强的工程实际意义。

1.1.3　两栖火炮水上发射时的身管振动及其振动控制问题

两栖登陆作战是我国未来战争中的一种主要作战形式，具有两栖作战能力的自行火炮作为杀伤和威慑敌人的战场主要压制兵器，扮演着登陆作战的主要角色。它的水上作战性能，如自行入水、自身浮渡、自主航行、浮渡射击和自行出水等能力，直接影响着战役的进程和结果。除了稳定性、快速性等方面的要求外，两栖火炮还必须能够进行水上射击，并保证具有较好的射击稳定性和较高的射击精度，这样才能大幅度提高其火力突击能力和生存能力，较大程度地改变登陆过程中的被动局面。因此，两栖火炮水上射击动力学是一项很好的研究内容 [9]。

进行水上射击时，影响射击精度的直接因素就是火炮的炮口振动，因此，研究水上射击时火炮身管的振动，对于进行两栖火炮水上射击动力学分析，实现两栖火炮水上射击并提高其射击精度，具有十分重要的理论和实际意义 [10]。

对于两栖火炮来说，除了以上因素，火炮的巨大后坐力会使整个火炮产生较大的后退、升沉、侧漂、纵摇、横摇和回转运动，这些运动除了直接影响火炮身管的整体运动外，还会与身管本身的振动发生耦合作用，从而使火炮身管的振动更加复杂，进而影响炮口扰动和火炮的射击精度。此外，还要考虑射击时车体在水中的运动的影响，而此运动本身又和火炮与水的流固耦合非线性作用有关，过程十分复杂[11]。由于两栖火炮振动特性的复杂性，对两栖火炮进行振动控制的难度更大。

1.1.4 应用前景

本研究以实际工程结构中常见的受到冲击载荷的变截面梁振动及其振动主动控制问题为研究对象，研究高动载移动质量作用下的变截面梁振动、非定速轴向运动变截面梁振动、高动载移动质量作用下的非定速轴向运动变截面梁振动问题，选取以上振动问题中的一种典型复杂结构振动（两栖火炮陆上射击和水上射击时的身管振动）分析及其振动主动控制问题为示例进行研究。

本研究是一项应用基础研究，通用性很强。研究成果可供类似结构设计借鉴和应用，在航空航天、兵器、机械、土木结构等一系列工程领域中具有广阔的应用前景，具有较高的军事效益和经济效益；对于类似机电耦合复杂结构的动力学分析理论和建模方法的发展也有一定的促进作用，分析方法可应用于同类结构的动力学分析，所用到的主动控制方法和理论也可应用于其他复杂结构的振动控制；还可应用于现有制式火炮的改造和新研火炮的研制，对于提高火炮的威力、机动性等综合性能具有很强的工程实际意义。对于我军大量装备的火炮来说，若能实现火炮身管振动的智能控制，就可以大大提高火炮的射击精度、发射速度和火炮的威力，从而提高火炮武器系统的作战效能，也可以减少火炮结构的疲劳损坏，延长其使用寿命。综上所述，该研究成果的应用具有很高的军事、经济和社会价值。

1.2 国内外研究现状

移动载荷作用下的梁振动和轴向运动梁振动是两类比较常见的非线性振动，在交通、纺织、物流、机器人、航天和军事上都有应用。车辆与桥梁、天车与重物、流体与管道，以及火箭弹与发射管之间的耦合振动属于第一类；输送带、纸带、纺织纤维、带锯、缆车索道、机器人手臂伸展取物、航天结构中伸展柔性附件等属于第二类[11]。

1.2.1 移动载荷作用下梁的振动及其振动控制研究现状

移动载荷作用下梁的振动最常见的结构有车辆过桥时的车桥耦合振动、输流管道与流体之间的耦合振动、起重机或吊车的天车与横梁之间的耦合振动等，其中，对车桥耦合方面的研究较多。

对车桥相互作用的研究已有上百年历史。早期一般将车辆简化为一个或多个集中力、简谐力或等效质量等，将桥梁简化为简支梁，常用傅里叶展开法、积分法和 Galerkin 法等求解[12-15]。Mise K.、Kunii S. 等以及我国的陈英俊、何度心和李国豪等也对车桥耦合作用理论及其应用进行了比较系统的研究，提出了多种计算模型[16-20]。

车桥耦合振动研究随着计算机和数值计算方法的发展而更加深入，研究方法包括理论分析、模型试验和现场试验等。日本、法国、意大利等国的研究人员对车桥耦合建模和求解技术进行了大量研究。松浦章夫建立了多种模型，对车辆运动和桥梁结构参数等因素对车桥振动的影响进行了分析[21-22]。Chu K. H. 是较早开展车桥耦合系统空间振动研究的研究者之一[23-24]。Olsson M. 采用有限元法建立了客车动力学模型并进行了车桥耦合求解[25]。Yang Y. B. 等采用动态凝聚法求解了车桥的振动响应并提高了计算效率[26]。Green M. F. 等提出了在频域内求解车桥动力学方程的新方法[27]。

国内的学者先后建立了多种模型和分析方法，利用能量法、有限元法、多刚体动力学法、车桥受力和位移关系法、模态综合法等，对汽车、列车等结构与桥梁的相互作用理论及特性进行了研究，分析了车辆运动特性和桥梁结构参数等对系统振动响应的影响，并进行了大量实验和实际应用研究，也取得了不少研究成果。如中南大学曾庆元院士的学科组[28-29]、铁道部科学研究院程庆国院士和潘家英课题组[30-33]、北京交通大学夏禾教授课题组[34-36]、同济大学曹雪琴等[37-39]、西南交通大学李小珍等[40-44]，另外还有其他多家单位的多位学者对移动载荷与结构作用机理和应用也进行了大量研究[45-53]。

在桥梁振动控制方面，美国、日本、新西兰等发达国家进行了大量的研究，近年来我国学者也对此进行了很多深入的研究。安装调谐质量阻尼器（Tuned Mass Damper，TMD）或多重调谐质量阻尼器（Multiple Tuned Mass Damper，MTMD）、使用磁流变阻尼器是常用的桥梁振动控制方法[54-59]。

国内外学者对输流管道的振动特性已进行了多方面的研究，但对管道系统振动的主动控制研究则尚处于起步阶段。用得较多的是被动控制方法，如在管道与基础之间安装黏弹性阻尼器，在管道中安装压力衰减器，或者通过提高系统的阻尼来抑制管道的动响应。有学者采用行波控制或驻波控制的方法进行主动控制，也可采用压电材料、电流变或磁流变等功能材料直接对管道的振动进行主动控制。如 Sugiyama Y. 等人利用带反馈开关的可调阀门来控制流体流速从而抑制管道振动[60]。Doki H. 和 Hiramoto K. 利用无限体积压力控制器对悬臂输流管道振动控制进行了理论和实验研究[61]。Lin Y. H. 和 Chu C. L. 应用优化的独立模态空间控制技术，对悬臂输流管的振动进行了主动控制[62]。邹光胜等使用压电材料对具有弹性支承和非线性运动约束的悬臂输流管道进行了振动控制[63]。任建亭等提出了用行波法来分析流体与管道的耦合振动，并组集了流固耦合动力学模型[64]。

综合来看，尽管研究者对移动载荷与结构相互作用问题的研究已经取得了丰富的成果，但是由于移动载荷与结构之间耦合振动的复杂性，这一问题至今也没有得到全面的解决。对移动质量与梁耦合系统的振动研究多数只研究移动质量匀速运动的情况，或虽考虑了移动质量的变速运动，但只是涉及其加速度的运动学影响。车桥耦合振动的建模方法主要有传统振动力学方法、有限元方法和多体动力学法。桥梁非线性研究常用的方法有定性和定量分析法，如小参数法、多尺度法、KBM 法（Krylov-Bogoliubov-Mitropolsky Method）、Galerkin 法、谐波平衡法等，它们各有特色。对于非线性振动方程一般只能采用数值方法求近似解，如直接积分法和常微分方程组初值问题的数值解法等，目前普遍采用逐步积分法求解，其中最典型的方法是 Newmark-β 法和 Wilson-θ 法。对于振动问题，桥梁上多用 TMD、MTMD、调频液体阻尼器（Tuned Liquid Damper，TLD）进行控制，也有用磁流变进行主动控制的。

1.2.2 轴向运动梁的振动及其振动控制研究现状

动力传送带、磁带、纸带、纺织纤维、带锯、空中缆车索道、升降机缆绳等多种工程系统元件，均可简化为轴向运动连续体。对于轴向运动梁或弦的振动研究主要在纺织领域和航天领域，清华大学、上海大学、北京航空航天大学和哈尔滨工业大学等单位的研究人员做了不少研究。

对轴向运动的研究可以追溯到 1885 年 Aitken 的研究[65]，但轴向运动得到广泛、深入的研究是从 20 世纪后半叶开始的。对于 1988 年以前的工作，Wicker 和 Mote C. D. Jr 进行了综述[66]，2000 年以前的研究工作由 Pellicano F. 和 Vestpwni F. 做了很好的综述[67]，Chen L. Q. 对 2005 年以前的研究做了综述[68]。

　　研究轴向运动最普遍的模型是轴向运动欧拉梁。Thurman 和 Mote C. D. Jr 最先采用两端铰支欧拉梁分析了轴向运动梁的自由振动[69]。Koivurova 和 Salonen 提出了两种利用欧拉梁建立轴向运动梁振动方程的方法[70]。Mote C. D. Jr 基于模态函数法分析了任意初始条件和激励下简支轴向运动梁的响应，提出了计算其固有频率和模态函数的方法[71]。Chonan 研究了在横向载荷作用下铁木辛柯梁的稳态响应[72]，ÖZ H. R. 等研究了变速运动梁的稳定性问题[73]。Wickert 根据准应力假设建立了轴向运动梁的非线性振动方程[74]。Yang X. D. 和 Chen L. Q. 在分析梁微元受力情况的基础上建立了梁非线性振动的偏微分方程[75]。

　　对轴向运动弦线和梁参数振动的分析也有大量研究成果。研究者主要利用解析法近似分析各种连续体在不同载荷参数激励下的响应及其稳定性，其中多尺度法是一种常用方法，用来确定线性和非线性参数振动的稳定区域、幅频特性和振动响应[76-80]。

　　对于轴向运动梁的振动问题，上海大学陈立群教授的团队进行了较多的研究，也取得了很多研究成果，在国内外发表了多篇高水平的论文[81-86]。他们用复模态法得到两端简支运动梁的固有频率和模态函数，用直接多尺度法来分析轴向运动梁的振动控制方程，用 Galerkin 法进行方程离散求解，并分析其分岔和混沌特性。

　　中山大学的陈树辉、黄建亮等也对轴向运动梁的非线性特性进行了大量的分析，根据哈密顿原理建立了梁的横向运动微分方程，并利用 Galerkin 方法离散化运动方程，应用增量谐波平衡法研究了在不同轴向运动速度下的非线性振动，还对轴向运动梁的内共振现象做了不少研究[87-91]。

　　朱桂东等基于 Lagrange 方法推导了伸展悬臂梁的动力学方程，分析了伸展速度、加速度对梁动态特性的影响[92]。程绪铎、王照林、李俊峰利用动量矩定理推导出带挠性伸展梁航天器的姿态动力学方程，通过 Runge-Kutta 积分法得出了数值解 [93]。

总之，研究者对轴向运动梁开展的研究比较多，建模时利用弹性力学知识，根据牛顿定律建立振动方程，或者利用广义 Hamilton 原理从能量角度来建立方程。对于方程的求解，常用的方法是 Galerkin 截断法，振型函数根据不同梁的边界条件确定，但基本上都没考虑梁轴向运动的影响，除 Galerkin 截断法及复模态分析方法之外，还可以利用瑞利 – 里兹离散化方法、有限元算法或者利用人体神经网络的思想。这些方法对于简单结构进行简单分析是可行的，但对复杂结构进行分析，尤其是对于强非线性问题，只能用数值方法来求解。对轴向运动弦或梁的研究在纺织行业和物流行业比较多，这些结构一般多为简支结构，而且一般为匀速运动。近年来才开始有少数研究加速运动的情况，对于这方面的振动主动控制研究更是几乎没有。

1.2.3 移动载荷作用下轴向运动梁的振动研究现状

如果将以上两种情况结合起来，就是在移动载荷作用下的轴向运动梁的耦合振动，这种振动结合了前两种振动的特性，并且对相互耦合的研究，尤其是对振动控制方面的研究很少，能查到的相关文献较少。

1.2.4 火炮发射动力学和身管振动及其振动控制研究现状

1.2.4.1 火炮发射动力学研究现状

火炮发射过程是一个复杂过程，不但有平动而且有转动，原因是火炮所有零部件和土壤都是弹性体或弹塑性体，火炮各部件之间存在或多或少的间隙。因此，应建立全面反映火炮发射过程的火炮多体发射动力学模型，开展火炮发射动力学仿真研究，研究影响火炮射击精度的各种因素，了解火炮主要零部件的运动特性和受力规律，探索提高火炮射击精度的技术途径，为火炮的动态设计提供理论依据。

国外对火炮动力学的研究已经得到了空前的发展，取得了大量的研究成果，考虑的因素越来越全面，其中以美国和俄罗斯开展的研究最为活跃，其进行了大量的理论和实验工作，成绩最为显著。从 1977 年至今，美国陆军司令部共召开了 10 余次火炮动力学会议 [94]，发表论文数百篇，内容涉及火炮动力学、弹炮相互作用、炮口振动参数测试以及火炮动力学在美国的发展过程回顾与评述，较全面地反映了美国等国家在火炮动力学的理论研究和实验研究方面所取得的成就 [95]。

建立动力学模型有两种方法，即使用 ADAMS、ANSYS 和 DADS 等工程软件的软件建模法和物理建模法。软件建模法就是采用多体动力学方法和分析软件对全系统建立详细的分析力学模型，分析设计参数对动力学响应的影响。物理建模就是将火炮简化为一个刚体模型，采用动力学原理分析载荷作用下车辆的动力学响应 [96]。

国内对火炮动力学的研究工作开展得稍晚，大约起步于 20 世纪 80 年代初期，在"七五"期间正式立项火炮动力学专题研究，对牵引火炮、轮式和履带式自行火炮以及车载炮建立了多种模型，常用的方法有多刚体动力学方法［Lagrange 方程法、Kane 方程法、速度矩阵法、RW（Roberson 和 Wttenburg）法等］、传递矩阵法、动态有限元法、ADAMS 软件仿真法、柔体动力学方法等 [97-103]。

1.2.4.2 身管振动及其控制研究现状

在身管振动分析方面，康新中等给出了火炮发射时身管所受到的载荷，将身管简化为一个固定端具有轴向加速度的悬臂梁，提出了用有限元法进行分析的思路，但没有考虑悬臂梁长度的变化问题 [104]。何永、高树滋考虑了火炮多体动力学中的身管柔性，推导出了刚柔耦合动力学方程，并给出了数值模拟结果 [105]。闵建平等用多柔体动力学分析了身管柔性对炮口扰动的影响[106]。何水清等对炮身的双时变横向振动特性进行了分析[107]。马吉胜、王瑞林将炮管处理为运动支撑上的悬臂梁，基于 Kane 方程 Huston 法建立了弹炮管耦合动力学模型[108]。姜沐、郭锡福将身管简化为悬臂梁，将弹丸简化为匀加速移动载荷，研究了由弹丸加速运动在身管中激发的振动问题[109]。周叮、谢玉树以弹丸与炮管的质量比作为小参数，用摄动法求得了射击时炮管振动的一般解[110]。

随着材料科学、计算机技术和测控技术的发展，振动主动控制由于适应性强、控制效果明显等优点得到了普遍的关注和广泛的研究[111-112]。近年来，智能结构概念的提出和应用研究，赋予了结构振动主动控制新的思想。由于智能结构材料紧凑、易于集成、对原结构影响较小，不仅具有传统结构的承载功能，而且还能对外部环境（载荷和形状等）及内部环境（破坏和失效等）变化作出响应并具有自辨识、自适应等功能，易与振动主动控制技术相结合，已成功地应用于航天结构、土木工程、机械设备等振动控制领域[6, 113-115]。

在身管振动控制方面，以往的研究多为通过结构优化减轻身管振动或附加吸振器来进行，属于被动控制的范畴[116-118]。比较典型的如欧阳光耀等提出了在炮口安装吸振器消减身管炮口振动的方法[8, 119]。

将主动控制技术应用于兵器科学领域中的武器装备系统在国内还较为少见。中北大学、南京理工大学、北京理工大学等单位的研究人员，开展了基于电流变液体、磁流变液体、压电材料等智能材料的振动主动控制技术在身管振动主动控制、弹性发射梁振动的主动控制以及坦克炮主动装甲结构形状控制等方面的应用研究。

在身管振动主动控制方面，王福明等提出了一种利用压电薄膜智能结构对火炮身管振动响应进行主动控制的方法[3]。潘玉田等利用压电作动器

（actuator）从理论和实验两方面研究了厚壁圆筒的振动智能控制，控制效果很显著[5]。余海等[7]和胡红生[8]以移动质量激励柔性悬臂梁为研究对象，以压电材料作为传感/作动器，初步研究了移动质量激励下的悬臂梁振动主动控制问题。

国外进行火炮身管振动分析及振动控制研究的文献，由于涉密，能查到的都比较旧，也比较少。Chakka 等利用有限元法建立模型，分析了身管的振动和弹丸内元器件的吸振问题[120]。Su Y. A. 和 Tadjbakhsh I. G. 将身管简化为圆柱壳，将弹丸简化为刚体，利用摩擦力作为二者的联系，分析了身管的振动和稳定性[121]。Mattice 和 Lavigna 提出了一种利用多组压电堆推动，以及利用固定于身管上的固定装置带动身管变形的方法，用于30 mm 航炮上[122]，Allaei 等提出了一种叫军用枪支智能隔离支架（Smart Isolation Mount for Army Guns，SIMAG）的主动针对隔离结构，也比较有意义[123]。从其他一些报告中也可看出，国外在这方面已开展了不少工作，而且成果比较显著[124–125]。

总体来说，目前对火炮振动的研究一般采用振动力学方法、有限元法和多刚体方法，分析对火炮系统进行参数优化以期减小火炮的振动，多数属于被动控制的范畴。也有学者开展了智能结构主动控制方面的研究，多数还处于理论分析阶段，少数进行了初步实验。目前的研究对于身管双时变特性，特别是模型中身管长度和截面变化对振动模态的影响体现得不充分。模型的建立和边界条件的处理等仍存在这样或那样的缺陷与误差，因此上述诸方法的优化结果未能完全减少炮口的振动。

1.2.5 两栖火炮水上性能及水上射击动力学研究现状

两栖自行火炮系统的水上性能研究是以船舶理论为基础的，对于水上性能的研究涉及流体力学、动力学以及车辆行驶理论等一系列学科知识。

近代船舶理论的研究已有很大发展，但应用船舶理论来指导两栖战斗车辆的设计工作还进行得较少。

近年来，为适应我国现代和未来战争中作战部队的装备需求，我国新研制了几种质量较轻、机动性较好的装甲战斗车辆，其中一些型号具有水陆两栖性能，但进行系统、专门的水上性能研究与结构优化的不多。有关学者已经开始认识到此项研究的重要意义，开始了这方面的研究[126-130]。中北大学近年来开展了大量两栖武器水上性能研究，也取得了一些成果[131-137]，对水上射击时动力学特性也作了一些探讨[138]，但还没有对水上射击时身管的振动进行过研究。

综上所述，国内外在移动载荷作用下梁的振动和轴向运动梁的振动方面的研究比较多，但是将移动载荷和轴向运动结合起来进行研究的很少，而且多集中在匀速运动上，在火炮身管振动研究领域虽有所考虑，但研究还很不全面，对于两栖武器水上射击动力学方面的研究也不多，专门考虑两栖火炮水上射击时身管振动的研究成果资料还未查到，也没有关于主动控制方面的报道。

1.3 研究思路和章节内容

1.3.1 研究思路

本书的总体研究思路是：首先，对三种通用高动载作用下变截面梁的振动问题进行建模与分析，包括高动载移动质量作用下的变截面梁振动、非定速轴向运动变截面梁振动、高动载移动质量作用下的非定速轴向运动变截面梁振动问题；其次，对两栖火炮陆上射击时的身管振动问题进行建模与分析，再利用压电智能材料实现其振动主动控制；再次，对水上射击时的身管振动及其振动主动控制问题进行分析；最后，对其他几种结构的研究思路以及此类问题的其他研究方法进行介绍。

对于火炮发射时身管的振动模型，可以将其看作一个受旋转且轴向移动的移动质量作用下的轴向运动悬臂梁的振动，因此模型可以看作两种运动的合成，即受旋转且轴向移动的移动质量作用下的悬臂梁的振动和轴向运动悬臂梁的振动。因此，研究时先研究高速冲击移动载荷作用下梁的振动和轴向运动变截面梁的振动，然后将二者合起来研究高速冲击移动载荷作用下轴向运动变截面梁的振动，在此基础上考虑火炮射击时的载荷和运动特性，研究火炮射击时身管的振动模型。

1.3.2 章节内容

第 1 章介绍研究背景和意义，对旋转移动载荷作用下梁的振动、轴向运动梁的振动、两栖火炮水上性能和水上发射动力学、火炮身管动力学分析和振动控制，以及相关领域的国内外研究情况进行综述，最后对本书研究思路和章节内容进行介绍。

第 2 章主要对旋转移动质量作用下悬臂梁的振动进行分析。先建立一边沿悬臂梁直线运动一边绕自身轴向旋转的移动质量作用下悬臂梁的振动方程，建模时考虑移动质量的轴向运动和旋转运动以及梁的弯曲引起的梁的变形和受力，然后进行方程求解，通过数值仿真对此振动特性和参数的影响进行分析，包括对移动载荷的质量、速度、加速度、旋转速度、梁长等对悬臂梁的振动位移、速度、固有频率的影响进行分析，特别是通过对固有频率、相平面图的分析，进而对其内共振现象进行分析。

第 3 章主要对轴向运动厚壁圆筒梁的振动进行分析。先建立考虑了梁弯曲影响的轴向运动梁的振动方程，然后利用 Galerkin 法对方程进行离散，离散时提出一种考虑梁长时变特性的基础展开函数，最后用

Newmark-β法求解微分方程。用 MATLAB 语言编程进行数值仿真，分为匀速轴向运动和匀加速轴向运动两种情况，针对轴向外伸梁和内缩梁两种梁结构，详细分析轴向运动速度和梁长等因素对梁振动的影响，还对其内共振现象和极限速度两方面进行分析。

第4章研究旋转移动载荷作用下轴向运动厚壁圆筒梁的振动问题。首先在第2、3章的基础上建立振动方程，然后对方程特性进行分析，并进行数值仿真。最后对匀速运动移动质量作用下匀速轴向运动梁的振动和匀加速运动移动质量作用下匀加速轴向运动梁的振动这两种情况进行仿真和分析，特别分析系统参数变化对系统振动的影响以及系统固有频率的变化和共振情况。

第5章建立陆上射击时火炮身管振动模型并对其振动特性进行分析研究。首先分析火炮发射时身管所受到的各种载荷，确定最终作用在身管上的载荷表达式，然后根据振动力学和火炮发射动力学理论，结合第2～4章的研究基础,将身管简化为在火药气体冲击作用和高速旋转移动质量（弹丸）作用下的加速轴向运动变截面厚壁圆筒梁，建立火炮身管振动模型，再进行方程离散求解，最后对火炮身管振动特性和参数的影响进行分析。

第6章对陆上射击时火炮身管振动主动控制进行理论研究和实验研究。首先在第5章的基础上，结合压电智能材料进行结构振动主动控制的理论，设计火炮身管振动主动控制作动器，然后建立火炮身管振动主动控制微分方程并求解，再进行数值仿真。接着利用某制式火炮身管进行火炮身管振动主动控制实验，效果明显。

第7章在陆上射击时火炮身管振动模型和特性分析的基础上，考虑两栖火炮水上射击时车体纵摇和升沉运动的影响，建立两栖火炮水上射击时身管振动的数学模型，并通过数值仿真对其振动特性进行分析，为进行两栖火炮水上射击动力学分析和振动控制奠定基础。

第 8 章在第 5～7 章的基础上，对两栖火炮水上射击时身管振动主动控制问题进行研究。结果表明，利用压电作动器进行两栖火炮水上射击时身管振动主动控制是可行和有效的。

第 9 章对多移动质量作用下的变截面梁等其他几种结构的振动分析进行介绍，并介绍分析以上内容的其他方法。

第 10 章是对本书的总结，并对本研究的发展进行展望。

| 第 2 章 |

旋转移动质量作用下变截面梁的振动

根据已确定的研究思路，本章和第 3 章将对所涉及的两类基础问题进行研究。本章先研究第一个问题——变截面梁在旋转移动质量作用下的振动问题，并以在膛内旋转移动的弹丸和火药气体引起的 Bourdon 载荷冲击作用下的身管振动为例进行仿真分析，探求此类振动问题的建模思路和振动特性。

对于移动质量作用下梁的振动的研究较多，但多数研究的是匀速运动的情况，没有研究过移动质量在平动的同时还做旋转运动的情况。本章研究的是加速运动的既平动又转动的移动质量作用下梁的振动。

2.1 旋转移动质量作用下梁的振动模型

下面以一厚壁圆筒梁为研究对象，圆筒梁腔内有一个移动质量块在轴向运动的同时绕自身轴线旋转，如图 2-1 所示。假设移动质量沿梁运动过程中不与梁脱离。

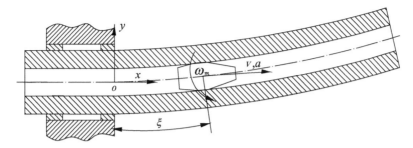

图 2-1　旋转移动质量作用下梁的振动力学模型

设 $v(t)$ 为移动质量沿梁轴向运动的速度，$a(t)$ 为移动质量沿梁轴线运动的加速度，$\omega_m(t)$ 为旋转角速度，则在 t 时刻移动质量沿弯曲梁的行程为 $\xi(t)$：

$$\xi(t) = \int_0^t v(\tau)\,\mathrm{d}\tau \tag{2-1}$$

2.2　旋转移动载荷引起的载荷分析

旋转移动载荷作用在梁上的载荷主要包括移动质量的重力、移动质量轴向运动引起的惯性力和移动质量旋转运动引起的惯性载荷。

2.2.1　移动质量轴向运动引起的载荷

如图 2-2 所示，t 时刻移动质量点在惯性坐标系中的位矢为 $r(t)$：

$$r(t) = x(t)i + y(\xi,t)j \tag{2-2}$$

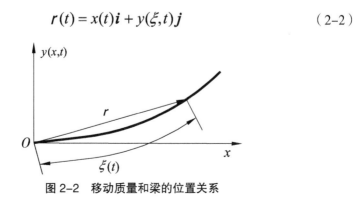

图 2-2　移动质量和梁的位置关系

19

因为 $y(\xi,t)$ 相对较小，且 $y'(\xi,t) \ll 1$，所以可近似地取 $x(t) \approx \xi(t)$，则式（2-1）可以写成

$$r(t) = \xi(t)\boldsymbol{i} + y(\xi,t)\boldsymbol{j} \qquad (2\text{-}3)$$

式（2-3）对 t 求两次导得

$$\dot{r}(t) = v(t)\boldsymbol{i} + \big[v(t)y'(\xi,t) + \dot{y}(\xi,t)\big]\boldsymbol{j} \qquad (2\text{-}4)$$

$$\ddot{r}(t) = \dot{v}(t)\boldsymbol{i} + \big[v^2(t)y''(\xi,t) + 2v(t)\dot{y}'(\xi,t) + \dot{v}(t)y'(\xi,t) + \ddot{y}(\xi,t)\big]\boldsymbol{j} \qquad (2\text{-}5)$$

这里，"·"表示对时间 t 求导，"ı"表示对位移 x 求导。

所以，梁的横向运动使得移动质量产生的纵向和横向惯性力为

$$\left.\begin{array}{l} F_{ga}(t) = -m\dot{v} \\ F_{gt}(t) = -m\big[\ddot{y}(\xi,t) + v^2 y''(\xi,t) + 2v\dot{y}'(\xi,t) + \dot{v}y'(\xi,t)\big] \end{array}\right\} \qquad (2\text{-}6)$$

从式（2-6）可以看出：

移动质量所产生的纵向惯性力为移动质量加速运动产生的惯性力；移动质量所产生的横向惯性力包括四项：第一项为移动质量所在位置梁的垂向加速度产生的惯性力，第二项是移动载荷在曲梁上移动而产生的离心惯性力，第三项是荷载在弯曲运动的曲梁上做相对运动而产生的科氏加速度对应的惯性力，第四项是移动质量的加速运动引起的垂向惯性力。若移动质量做匀速运动，则去掉第四项。

因此，考虑移动质量本身的重力后，移动质量引起的纵向和横向惯性载荷可写成

$$F_a(t) = -m(\dot{v} + g\sin\theta_0) \qquad (2\text{-}7)$$

$$F_t(t) = -m\left[\ddot{y}(\xi,t) + v^2 y''(\xi,t) + 2v\dot{y}'(\xi,t) + \dot{v}y'(\xi,t) + g\cos\theta_0\right] \quad （2-8）$$

2.2.2　移动质量旋转运动引起的载荷

移动质量旋转运动引起的惯性载荷是由移动质量的质量偏心导致其在绕自身轴线旋转时而产生的离心惯性载荷。设 ω_m 为移动质量自转角速度，R_s 为移动质量由于制造误差而产生的质量偏心距，则

$$F_t(x,t) = -mR_s\omega_m^{\,2}\sin(\omega_m t)\boldsymbol{j} \quad （2-9）$$

因此，移动质量旋转运动引起的惯性载荷随着移动质量的质量、旋转速度和偏心距的增大而增大，低速运动时可忽略，但在高速运动时不能忽略。

弹丸在线膛炮身管膛内运动时，轴向移动速度和旋转速度有特定的关系，膛线的结构决定，膛线是在身管内表面上制出的与身管轴线具有一定倾斜角度的螺旋槽，作用是使弹丸产生旋转运动以保持其飞行稳定性。

膛线对炮膛轴线的倾斜角叫作缠角，用 a 表示；膛线绕炮膛旋转一周在轴向移动的长度（相当于螺纹的导程），用口径的倍数表示，称为膛线的缠度，用 η 表示。缠角与缠度的关系为

$$\tan a = \frac{\pi d}{\eta d} = \frac{\pi}{\eta} \quad （2-10）$$

因此，弹丸旋转运动角速度为

$$\omega_m(t) = \frac{2\pi v}{\eta d} \quad （2-11）$$

综合起来，由旋转移动载荷引起的作用在梁上的载荷为

$$F_a(t) = -m(\dot{v} + g\sin\theta_0) \quad （2-12）$$

$$F_t(t) = -m\left[\ddot{y}(\xi,t) + v^2 y''(\xi,t) + 2v\dot{y}'(\xi,t) + \dot{v}y'(\xi,t) + g\cos\theta_0\right] \\ -mR_s\omega_m^{\,2}\sin(\omega_m t)\boldsymbol{j} \quad （2-13）$$

21

2.3 旋转移动质量作用下梁的振动方程的建立

取梁的一个微分单元体进行研究，图 2-3 为微分单元体受力图。

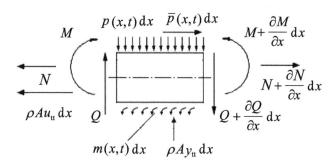

图 2-3 梁的微分单元体受力图

图中 M、Q 分别为截面上的弯矩和剪力，设梁的材料密度和弹性模量分别为 ρ 和 E，梁在 x 处的截面积和截面对中性轴的惯性矩分别为 $A(x)$ 和 $J(x)$，$y(x,t)$ 是梁上距原点 x 处的截面在 t 时刻的横向位移，$p(x,t)$ 是单位长度梁上分布的外力，$m(x,t)$ 是单位长度梁上分布的外力矩。

利用达朗伯原理列出微分单元体的动力学方程为

$$\left.\begin{array}{l} \rho A u_{tt} = \dfrac{\partial N}{\partial x} + \bar{p}(x,t) \\[2mm] \rho A(x) y_{tt} - \dfrac{\partial Q}{\partial x} = p(x,t) \\[2mm] Q - \dfrac{\partial M}{\partial x} = m(x,t) \end{array}\right\} \qquad (2\text{-}14)$$

由材料力学知识可知：

$$M = EJ(x) \frac{\partial^2 y}{\partial x^2} \qquad (2\text{-}15)$$

$$N = EA\varepsilon = EA \frac{\partial u}{\partial x} \qquad (2\text{-}16)$$

将式（2-15）、式（2-16）和式（2-14）的第三式代入式（2-14）前两式得

$$\rho A(x)\frac{\partial^2 u(x,t)}{\partial t^2} = \frac{\partial}{\partial x}\left[EA(x)\frac{\partial u(x,t)}{\partial x}\right] + \overline{p}(x,t) \qquad (2\text{-}17)$$

$$\frac{\partial^2}{\partial x^2}\left[EJ(x)\frac{\partial^2 y(x,t)}{\partial x^2}\right] + \rho A(x)\frac{\partial^2 y(x,t)}{\partial t^2} = p(x,t) - \frac{\partial}{\partial x}m(x,t) \qquad (2\text{-}18)$$

根据 2.2 节的结果，作用在梁上 x 处的纵向、横向作用载荷和力矩分别为

$$\overline{p}(x,t) = \mu(x)g\sin\theta_0 + m(\dot{v} + g\sin\theta_0) \qquad (2\text{-}19)$$

$$\begin{aligned}p(x,t) = &-\mu(x)g\cos\theta_0 - mR_s\omega_m^{\ 2}\sin(\omega_m t)\,\delta(x-\xi) - \\ &m\left[\ddot{y}(x,t) + v^2 y''(x,t) + 2v\dot{y}'(x,t) + \dot{v}y'(x,t) + g\cos\theta_0\right]\delta(x-\xi)\end{aligned} \qquad (2\text{-}20)$$

$$m(x,t) = 0 \qquad (2\text{-}21)$$

这里，$\delta(x)$ 是 Dirc-δ 函数，满足

$$\delta(x-X) = \begin{cases} 1, & x = X \\ 0, & x \neq X \end{cases} \qquad (2\text{-}22)$$

所以，梁的纵向和横向振动方程分别为

$$\rho A(x)\frac{\partial^2 u(x,t)}{\partial t^2} - \frac{\partial}{\partial x}\left[EA(x)\frac{\partial u(x,t)}{\partial x}\right] = -\mu(x)g\sin\theta_0 - m(\dot{v}+g\sin\theta_0)\delta(x-\xi) \qquad (2\text{-}23)$$

$$\begin{aligned}&\frac{\partial^2}{\partial x^2}\left[EJ(x)\frac{\partial^2 y(x,t)}{\partial x^2}\right] + \rho A(x)\frac{\partial^2 y(x,t)}{\partial t^2} = -\mu(x)g\cos\theta_0 - mR_s\omega_m^{\ 2}\sin(\omega_m t)\delta(x-\xi) - \\ &m\left[\ddot{y}(x,t) + v^2 y''(x,t) + 2v\dot{y}'(x,t) + \dot{v}y'(x,t) + g\cos\theta_0\right]\delta(x-\xi)\end{aligned} \qquad (2\text{-}24)$$

2.4 方程求解

2.4.1 解纵向振动方程

纵向方程的形式和普通梁纵向振动的形式一致，可以按振动力学的方法求解。设

$$u(x,t) = \sum_{i=1}^{\infty} U_i(x)\eta_i(t) \tag{2-25}$$

将式（2-25）代入式（2-23）中，两边同乘以 $U_j(x)$ 并对梁长度 l 积分，再结合正交性条件得

$$\ddot{\eta}_j(t) + \omega_j^2 \eta_j(t) = q_j(t) \tag{2-26}$$

其中：

$$q_j(t) = -g\sin\theta_0 \int_0^l \mu(x)U_j(x)\mathrm{d}x + m(\dot{v} + g\sin\theta_0)\,U_j(\xi) \tag{2-27}$$

解方程得

$$\eta_j(t) = \eta_j(0)\cos\omega_j t + \frac{\dot{\eta}_j\ddot{u}}{\omega_j}\sin\omega_j t + \frac{1}{\omega_j}\int_0^l q_j(\tau)\sin\omega_j(t-\tau)\mathrm{d}\tau \tag{2-28}$$

其中：

$$\eta_j(0) = \int_0^l \rho A u(x,0)U_j(x)\mathrm{d}x \tag{2-29}$$

$$\dot{\eta}_j(0) = \int_0^l \rho A \dot{u}(x,0)U_j(x)\mathrm{d}x \tag{2-30}$$

若考虑阻尼，加比例阻尼，方程的解为

$$\eta_j(t) = \mathrm{e}^{-\xi_j\omega_j t}\left[\eta_j(0)\cos\omega_{\mathrm{d}j}t + \frac{\dot{\eta}_j(0)}{\omega_j}\sin\omega_{\mathrm{d}j}t\right] +$$
$$\frac{1}{\omega_{\mathrm{d}j}}\int_0^l q_j(\tau)\mathrm{e}^{-\xi_j\omega_j(t-\tau)}\sin\omega_{\mathrm{d}j}(t-\tau)\mathrm{d}\tau \tag{2-31}$$

2.4.2　解横向振动方程

设

$$y(x,t) = \sum_{i=1}^{\infty} Y_i(x)\eta_i(t) \qquad （2-32）$$

对于悬臂梁，振型函数为

$$Y_i(x) = C_i\big[\cos\beta_i x - \mathrm{ch}\beta_i x + r_i(\sin\beta_i x - \mathrm{sh}\beta_i x)\big] \qquad （2-33）$$

其中：

$$r_i = -\frac{\cos\beta_i x + \mathrm{ch}\beta_i x}{\sin\beta_i x + \mathrm{sh}\beta_i x} = \frac{\sin\beta_i x - \mathrm{sh}\beta_i x}{\cos\beta_i x + \mathrm{ch}\beta_i x} \qquad （2-34）$$

将式（2-32）～式（2-34）代入方程（2-24），两边同乘以 $Y_j(x)$ 并对梁长度 l 积分得

$$\sum_{i=1}^{\infty}\eta_i(t)\int_0^l Y_j(x)\big[EJ(x)Y_i''(x)\big]'' \mathrm{d}x + \sum_{i=1}^{\infty}\ddot{\eta}_i(t)\int_0^l \rho A(x)Y_i(x)Y_j(x)\mathrm{d}x =$$

$$-m\sum_{i=1}^{\infty}\big[Y_i(x)\ddot{\eta}_i(t) + v^2 Y_i''(x)\eta_i(t) + 2vY_i'(x)\dot{\eta}_i(t) + \dot{v}Y_i'(x)\eta_i(t)\big]\int_0^l Y_j(x)\delta(x-\xi)\mathrm{d}x -$$

$$g\cos\theta_0\int_0^l \mu(x)Y_j(x)\mathrm{d}x - mR_s\omega_m^2\sin(\omega_m t)\int_0^l Y_j(x)\delta(x-\xi)\mathrm{d}x -$$

$$mg\cos\theta_0\int_0^l Y_j(x)\delta(x-\xi)\mathrm{d}x \qquad （2-35）$$

由正交性条件和 δ 函数的性质，式（2-35）可化为

$$\ddot{\eta}_i(t) + \omega_j^2\,\eta_i(t) = -g\cos\theta_0\left[\int_0^l \mu(x)Y_j(x)\mathrm{d}x + m\right] - mR_s\omega_m^2\sin(\omega_m t)Y_j(\xi) -$$

$$m\sum_{i=1}^{\infty}\big[Y_i(\xi)\ddot{\eta}_i(t) + v^2 Y_i''(\xi)\eta_i(t) + 2vY_i'(\xi)\dot{\eta}_i(t) + \dot{v}Y_i'(\xi)\eta_i(t)\big]Y_j(\xi) \qquad （2-36）$$

其中：

$$\omega_j^2 = \frac{\int_0^l EJ(x)\big[Y_j''(x)\big]^2\mathrm{d}x}{\int_0^l \rho A(x)Y_j^2(x)\mathrm{d}x} \qquad （2-37）$$

按 $\eta(t)$ 项合并得

$$\ddot{\eta}_i(t) + m\sum_{i=1}^{\infty} Y_i(\xi)Y_j(\xi)\ddot{\eta}_i(t) + m\sum_{i=1}^{\infty} 2vY_i^{'}(\xi)Y_j(\xi)\dot{\eta}_i(t) +$$

$$m\sum_{i=1}^{\infty}\left(v^2Y_i^{''}(\xi) + \dot{v}Y_i^{'}(\xi)\right)Y_j(\xi)\eta_i(t) + \omega_j^{2}\eta_j(t) =$$

$$-g\cos\theta_0\int_0^l \mu(x)Y_j(x)\mathrm{d}x - mR_s\omega_\mathrm{m}^{2}\sin(\omega_\mathrm{m}t)Y_j(\xi) - mg\cos\theta_0 Y_j(\xi) \quad （2\text{-}38）$$

若考虑阻尼，加比例阻尼，方程中增加一项 $2\xi_j\omega_j\dot{\eta}_j(t)$ 即可。写成矩阵式，即

$$[M(t)]\{\ddot{\eta}(t)\} + [C(t)]\{\dot{\eta}(t)\} + [K(t)]\{\eta(t)\} = \{Q(t)\} \quad （2\text{-}39）$$

其中：

$$[M(t)] = m\boldsymbol{Y}(\xi)\boldsymbol{Y}^\mathrm{T}(\xi) + \boldsymbol{I} \quad （2\text{-}40）$$

$$[C(t)] = 2mv\boldsymbol{Y}^{'}(\xi)\left[\boldsymbol{Y}(\xi)\right]^\mathrm{T} + \mathrm{diag}(2\xi\omega) \quad （2\text{-}41）$$

$$[K(t)] = m\left(v^2\boldsymbol{Y}^{''}(\xi) + \dot{v}\boldsymbol{Y}^{'}(\xi)\right)^\mathrm{T}\boldsymbol{Y}(\xi) + \mathrm{diag}(\omega^2) \quad （2\text{-}42）$$

$$\{Q(t)\} = -g\cos\theta_0\int_0^l \mu(x)\boldsymbol{Y}(x)\mathrm{d}x - mR_s\omega_\mathrm{m}^{2}\sin(\omega_\mathrm{m}t)\boldsymbol{Y}(\xi) -$$

$$mg\cos\theta_0\,\boldsymbol{Y}(\xi) \quad （2\text{-}43）$$

$$\xi(t) = \int_0^t v(\tau)\mathrm{d}\tau \quad （2\text{-}44）$$

$$v(t) = \int_0^t a(\tau)\mathrm{d}\tau \quad （2\text{-}45）$$

$$\dot{r}(t) = \frac{2\pi v(t)}{\eta\mathrm{d}} \quad （2\text{-}46）$$

2.5　旋转移动载荷参数的影响分析

由式（2-40）到式（2-43）可以看出：

（1）式中 $[M(t)]$、$[C(t)]$ 和 $[K(t)]$ 矩阵中的元素包含了移动质量的位移、速度和加速度，这些是与时间 t 有关的，而且非对角线项不为 0，因此方程为变系数微分方程，不易用解析法来解，只能用数值解法。

（2）随着移动质量 m 的增大，广义力的值会随之增大，若不考虑梁本身的质量，则广义力的值与质量 m 成正比。

（3）广义力向量 $\{Q(t)\}$ 中还包含一项由于具有质量偏心的移动质量的旋转运动引起的惯性力项——$mR_s\omega_m^2\sin(\omega_m t)Y(\xi)$，从表达式看出，它与移动质量的质量 m 和偏心距 R_s 成正比，与旋转角速度 ω_m 成二次方关系，因此不能忽视旋转运动的影响。

（4）由于移动质量的旋转运动可能会和梁的振动发生耦合，因此当旋转运动的频率与梁振动的谐振频率达到某一特定关系时，就会产生共振，加剧梁的振动。

（5）质量矩阵 $[M(t)]$ 中没有速度和加速度项，而刚度矩阵 $[K(t)]$ 中包含了移动质量的速度和加速度项，而且还是速度的二次方，因此，移动质量的速度和加速度肯定会影响系统的谐振频率，速度越大，频率也越大，并且是非线性变化的。

（6）当移动质量的速度达到一定值时，方程可能会出现特征值不存在从而谐振消失的现象，这时的临界速度就是系统的极限速度。

2.6　数　值　仿　真

2.5 节只是定性地分析了旋转移动载荷参数的影响，要具体了解详细情况必须进行数值仿真。为此，利用 2.5 节的数学模型，本节编写 MATLAB 程序进行了数值仿真。

仿真时所用的模型参数如下。

梁的尺寸：长 0.7 m，内径 ϕ 23 mm，外径 Φ 45 mm；材料：A 3 钢，ρ =7.84×10^3 kg/m^3；梁的一端固定，一端自由。

下面就载荷匀速运动和匀加速运动两种情况进行仿真，分别对不同速度、不同质量、不同质量偏心距的移动载荷作用下不同梁长的梁的横向振动进行仿真。

2.6.1　载荷匀速运动

移动载荷质量分别取 m=0.1 kg、0.5 kg、1.0 kg、1.5 kg、2.0 kg，移动载荷速度分别为 v =300 m/s、350 m/s、400 m/s、450 m/s、500 m/s、550 m/s、600 m/s、640 m/s、680 m/s、720 m/s、760 m/s、780 m/s、800 m/s，质量偏心距分别取 rs=0.000 1 m、0.000 5 m、0.000 8 m、0.001 m，梁的长度分别取 l=0.5 m、0.7 m、1.0 m、1.5 m。

结果如下：

（1）移动载荷的速度影响着梁的振动，速度越大，移动载荷离开时梁自由端的振动位移就越大，功率谱幅值也越大（见图 2-4 和图 2-5）。

（2）在移动载荷运动的整个过程中振动位移的最大值，在小于某一速度以前，也随着移动载荷速度的增大而增大，但超过这一值后，又随着移动载荷速度的增大而减小（见图 2-4，v 的单位为 m/s）。出现这种现象的原因，从功率谱来分析，梁振动功率谱的最大值随着移动质量速度的增大先增大后减小，也就是振动的能量最大值对应一个速度值，这与图 2-4 中位移最大值随移动质量速度变化的规律一致。

（3）从图 2-6 看，随着移动载荷速度的增大，频率－时间曲线的形状会从抛物线形变为马鞍形，而且马鞍凹的程度越来越厉害，一直到速度达到某一值后出现频率消失的现象。而且频率的最大值也先随速度增大而增大，然后出现马鞍形，最大值逐渐减小又开始增大，中间出现转换的速度正好对应着位移曲线中最大位移发生转折的速度。

（4）从相平面（见图2-7）看，其形状基本上是一个心形，有两个焦点，一个焦点是零点，不同移动载荷速度对应的相平面图都有这个焦点，应该是一个稳定的焦点。另一个焦点随着速度的变化而不同，是一个不稳定的焦点，这也正体现了系统的非线性特性。

移动载荷的质量也影响梁的振动：质量越大，振动位移越大（见图2-8）；质量越大，谐振频率越高（见图2-9）。

从曲线（见图2-10、图2-13）可以看出：移动质量偏心距越大，则振动幅度就越大；梁的长度越长，振动的最大位移就越大，对应的频率也就越低，而且随着梁长的增大，频率 – 时间曲线就出现马鞍形鞍点，梁长越长，马鞍形鞍点越低，出现频率消失点的移动载荷速度也越低。

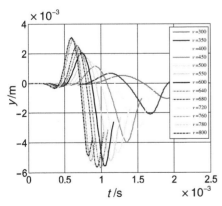

图2-4　不同载荷速度下梁自由端
横向位移曲线

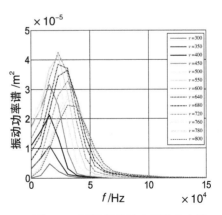

图2-5　不同载荷速度下梁自由端
振动功率谱曲线

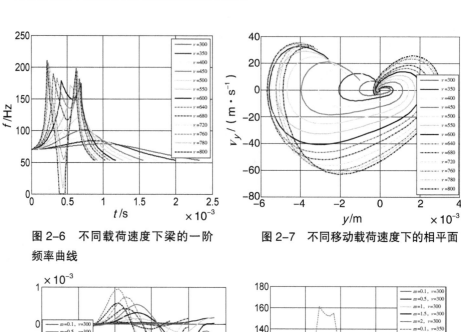

图 2-6　不同载荷速度下梁的一阶
频率曲线

图 2-7　不同移动载荷速度下的相平面

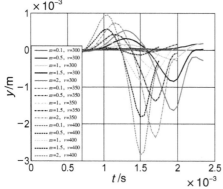

图 2-8　不同质量、不同速度移动载
荷下梁自由端横向位移曲线

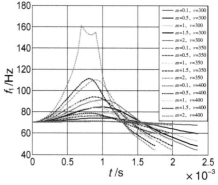

图 2-9　不同质量、不同速度移动
载荷下梁一阶横向振动频率曲线

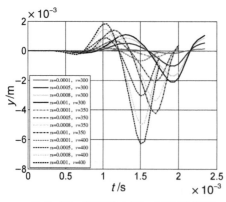

图 2-10　不同偏心距、不同速度移
动载荷下梁自由端横向位移曲线

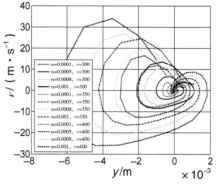

图 2-11　不同偏心距、不同速度
移动载荷下相平面

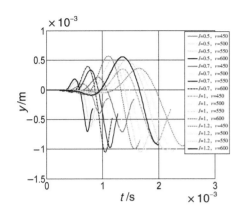

图 2-12　不同速度移动载荷下不同
梁长梁的振动位移曲线

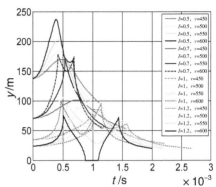

图 2-13　不同速度移动载荷下不
同梁长梁的振动频率曲线

2.6.2　载荷匀加速运动

由式（2-42）可以看出，刚度矩阵中有移动载荷加速度项，因此移动载荷加速度对梁的振动肯定有影响，而且在实际中也会经常遇到变速运动载荷及其梁的振动问题，因此对这种情况也要进行分析。

非匀加速运动的情况比较复杂，由于本书的最终研究对象是火炮身管的振动，而根据文献 [139]，弹丸在身管内的运动可近似地看作匀加速运动，因此本章只针对初速度为 0 的匀加速移动载荷的情况进行仿真和分析（图中的 v 指的是移动载荷的末速度）。

从图 2-14、图 2-15 可以看出移动载荷加速度对梁振动的影响：随着加速度的增大，振动最大位移和移动载荷离开时自由端位移都随之增大；当加速度达到某值后，又开始随加速度增大而减小，这可以从功率谱曲线上频率的分布状态改变初步找到原因。

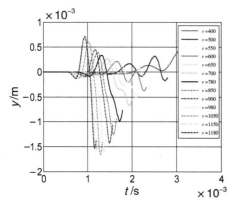

图 2-14 不同加速度的移动载荷下
自由端横向位移曲线

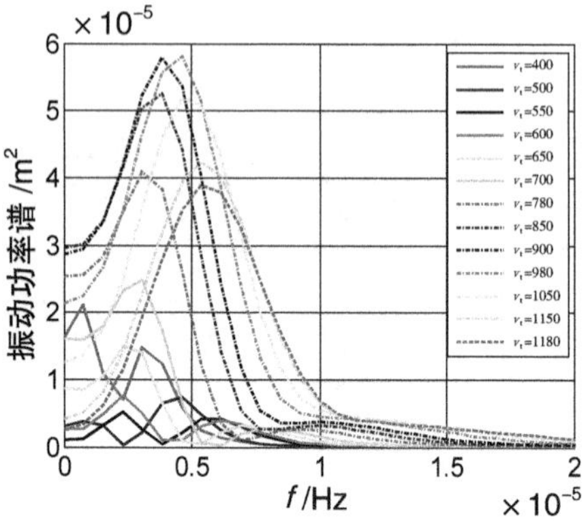

图 2-15 不同加速度的移动载荷下
自由端横向振动功率谱曲线

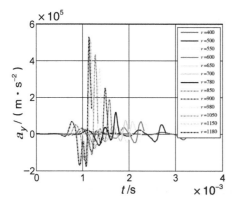

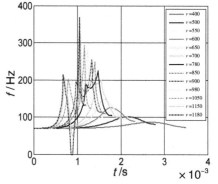

图 2-16 不同加速度的移动载荷下
自由端横向加速度曲线

图 2-17 不同加速度的移动载荷下
横向振动一阶频率曲线

从图 2-18 看出，相平面图很明显也有两个焦点：一个是稳定焦点——
原点；一个是不稳定焦点，随着加速度的增大，该焦点先是水平向外移动，
到一定值后又转向下移，这正是引起梁振动最大值随移动载荷加速度的变
化趋势而发生变化的转折点。

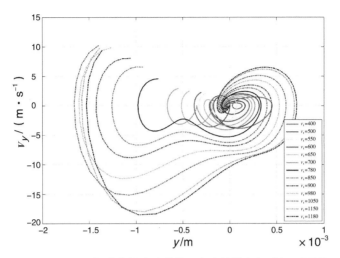

图 2-18　不同加速度的移动载荷下自由端横向振动相平面图

　　从图 2-19 ～图 2-21 可以看出：梁长对于加速移动载荷作用下梁的振动的影响与匀速运动一样，梁的长度越长，振动的最大位移就越大，不过长梁比短梁更容易出现频率曲线的鞍点，使得加速度对梁振动最大位移的影响规律发生改变。

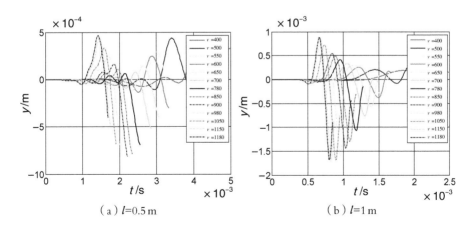

（a）$l=0.5$ m　　　　　　（b）$l=1$ m

图 2-19　不同加速度的移动载荷下不同梁长的自由端位移曲线

33

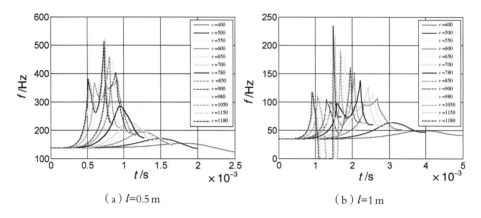

（a）$l=0.5$ m   （b）$l=1$ m

图 2-20　不同加速度的移动载荷下不同梁长横向振动一阶频率曲线

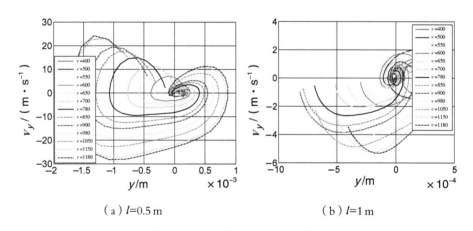

（a）$l=0.5$ m   （b）$l=1$ m

图 2-21　不同加速度的移动载荷下不同梁长横向振动相平面图

从图 2-22、图 2-23 可以看出加速移动载荷作用下不同质量偏心距
对梁的振动的影响：质量偏心距越大，梁的振动就越大，而且对于相平
面图的影响比匀速载荷更大；质量偏心距越小，相平面图就越趋于封闭，
双螺旋特点更明显。

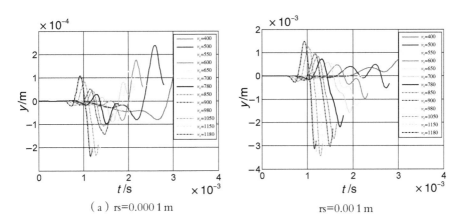

（a）rs=0.000 1 m　　　　　　　　rs=0.00 1 m

图 2-22　不同质量偏心距的匀加速运动载荷作用下梁自由端位移曲线

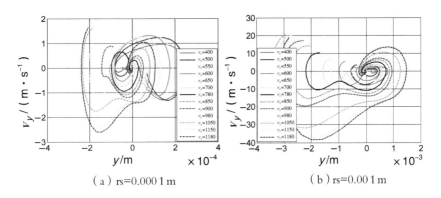

（a）rs=0.000 1 m　　　　　　　（b）rs=0.00 1 m

图 2-23　不同质量偏心距的匀加速运动载荷作用下梁振动相平面图

2.7　小　　结

本章以火炮射击时的弹炮耦合对身管特别是炮口振动的影响分析为应用背景，在相关学者对移动质量与梁相互作用研究的基础上，又考虑了移动质量的旋转作用和非匀速问题，建立了旋转移动载荷作用下厚壁圆筒梁的振动方程，然后进行了数值仿真，分为匀速移动载荷和匀加速移动载荷两种情况，对影响梁振动的因素进行了比较详细的分析，为进行火炮身管振动模型的建立和分析做了前期准备工作。通过研究结果可得出以下结论：

（1）由于载荷和系统结构随时间变化且有参数耦合问题，旋转移动载荷质量作用下的厚壁圆筒梁的振动有一定的非线性特性。

（2）移动载荷的质量、质量偏心距、轴向运动和旋转运动的速度及加速度、梁长都会影响梁的振动，而且移动质量的速度存在一个极限值，否则会产生瞬时频率消失和共振现象，而且移动质量的旋转运动容易与其轴向运动耦合而引起共振，所以在设计这种结构时应注意避开共振点。

以上现象反映在火炮身管的振动上就是弹炮耦合问题，弹丸在膛内的运动参数直接影响身管的振动，特别是弹丸的旋转速度与直线运动速度之比（由膛线的缠角或缠度决定）应该有一个极限值，否则会加大炮口的振动，影响射击精度，这是火炮设计和确定战技指标时必须注意的问题。

| 第3章 |

轴向运动厚壁圆筒变截面梁的振动

根据第1章的分析可知，火炮发射时的身管相当于做轴向运动的厚壁圆筒梁，因此，本章就轴向运动厚壁圆筒梁的振动特性进行研究。对于轴向运动梁的振动，已有很多国内外学者进行了研究，但因为轴向运动梁或弦在输送带和纺织机械上较为常见，一般做匀速运动，速度也不快，所以多数研究是针对低速、匀速轴向运动的，而火炮身管为厚壁圆筒，其轴向运动是加速运动的，而且速度相比起来要快得多，因此，与一般的轴向运动是有很大区别的。本章就以火炮身管的轴向运动为应用背景，研究加速运动的高速轴向运动厚壁圆筒梁的振动。

3.1　轴向运动厚壁圆筒梁的振动方程的建立

本书以一个沿着 x 轴做变速轴向运动的厚壁圆筒梁为研究对象。设其平衡位置为 x 轴，约束支座的横向位移为0。记梁静止时的长度为 L，密度为 ρ，弹性模量为 E，在 x 处的截面面积为 $A(x)$，截面的惯性矩为 $I(x)$，梁的端部有初始拉力 P，沿轴向运动的速度为 $v(t)$。只考虑梁在平面内的弯曲振动，分析梁上长度为 $\mathrm{d}x$ 的某微元段的受力及加速度，如图 3-1 和图 3-2 所示。

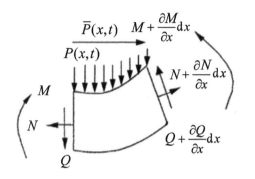
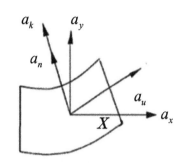

图 3-1　轴向运动梁单元的受力　　图 3-2　轴向运动梁单元的加速度

图 3-1 中，M 表示力矩，N 表示轴向力，Q 表示剪力，$\bar{P}(x,t)$ 表示纵向分布力，$P(x,t)$ 表示横向分布作用力。设梁单元在 x 处的横向和纵向位移为 y 和 u，$a_x = \dfrac{\partial^2 u}{\partial t^2}$ 为轴向加速度，$a_y = \dfrac{\partial^2 y}{\partial t^2}$ 为横垂向加速度，$a_u = \dfrac{\partial v}{\partial t}$ 为轴向加速度，$a_n = v^2 \dfrac{\partial^2 y}{\partial x^2}$ 为向心加速度，$a_k = 2v \dfrac{\partial^2 y}{\partial x \partial t}$ 为科氏加速度，t 为时间坐标。

设梁单元因为变形而弯曲后，其轴线与 x 轴的角度为 θ，设轴的弯曲变形为小变形，值也较小，所以有

$$\sin\theta = \frac{\partial y}{\partial x}, \ \cos\theta = 1 \tag{3-1}$$

根据达朗伯原理，分析梁微元段横向的平衡方程，并利用公式得到

$$\frac{\partial Q}{\partial x}\mathrm{d}x - \rho A\left(\frac{\partial^2 y}{\partial t^2} + 2v\frac{\partial^2 y}{\partial x \partial t} + v^2\frac{\partial^2 y}{\partial x^2}\right)\mathrm{d}x + N\frac{\partial y}{\partial x} + \frac{\partial N}{\partial x}\frac{\partial y}{\partial x}\mathrm{d}x - \rho A\frac{\partial v}{\partial t}\frac{\partial y}{\partial x}\mathrm{d}x + P\mathrm{d}x = 0 \tag{3-2}$$

$$\frac{\partial N}{\partial x}\mathrm{d}x - \frac{\partial Q}{\partial x}\frac{\partial y}{\partial x}\mathrm{d}x + \rho A\left(2v\frac{\partial^2 y}{\partial x \partial t} + v^2\frac{\partial^2 y}{\partial x^2}\right)\frac{\partial y}{\partial x}\mathrm{d}x - \rho A\frac{\partial v}{\partial t}\mathrm{d}x - \rho A\frac{\partial^2 u}{\partial t^2}\mathrm{d}x - \bar{P}\mathrm{d}x = 0 \tag{3-3}$$

根据梁微元段的力矩平衡，得到

$$Q = -\frac{\partial M}{\partial x} \tag{3-4}$$

把式（3-4）代入式（3-2）（3-3），两端同除以 dx，得到

$$\frac{\partial^2 M}{\partial x^2} + \rho A \left(\frac{\partial^2 y}{\partial t^2} + 2v \frac{\partial^2 y}{\partial x \partial t} + v^2 \frac{\partial^2 y}{\partial x^2} \right) - N \frac{\partial y}{\partial x} - \frac{\partial N}{\partial x} \frac{\partial y}{\partial x} + \rho A \frac{\partial v}{\partial t} \frac{\partial y}{\partial x} = P \tag{3-5}$$

$$\frac{\partial^2 M}{\partial x^2} \frac{\partial y}{\partial x} dx + \rho A \left(2v \frac{\partial^2 y}{\partial x \partial t} + v^2 \frac{\partial^2 y}{\partial x^2} \right) \frac{\partial y}{\partial x} dx - \rho A \frac{\partial v}{\partial t} dx - \rho A \frac{\partial^2 u}{\partial t^2} + \frac{\partial N}{\partial x} - \bar{P} = 0 \tag{3-6}$$

为了方便表达，把式（3-5）和式（3-6）表示为

$$M'' + \rho A \left(\ddot{y} + 2v\dot{y}' + v^2 y'' \right) - Ny' - N'y' + \rho A \dot{v} y' = P \tag{3-7}$$

$$M''y' + \rho A \left(2v\dot{y}' + v^2 y'' \right) y' - \rho A \dot{v} - \rho A \ddot{u} + N' = \bar{P} \tag{3-8}$$

这里，"$'$"表示对 x 求导，"$\cdot$"表示对 t 求导。

下面来求轴向力。由于轴向伸长而引起的应变为

$$\varepsilon = \frac{1}{2}(y')^2 \tag{3-9}$$

将材料设为完全弹性材料，由材料力学知识得知，横截面上的内力为

$$N = EA\varepsilon = \frac{1}{2}EA(y')^2 \tag{3-10}$$

$$M = EIy_{xx} \tag{3-11}$$

把式（3-10）和式（3-11）代入式（3-7）和式（3-8），得到弹性运动梁控制微分方程：

$$(EIy'')'' + \rho A \left(\ddot{y} + 2v\dot{y}' + \dot{v}y' + v^2 y'' \right) - \frac{1}{2}EA(y')^3 - EAy''(y')^2 = P \tag{3-12}$$

$$(EIy'')''y' + \rho A \left(2v\dot{y}' + v^2 y'' \right) y' - \rho A \dot{v} - \rho A \ddot{u} + EAy'y'' = \bar{P} \tag{3-13}$$

设梁的单位长度的质量为 $\mu(x) = \rho A$，则

$$(EIy'')'' + \mu\left(\ddot{y} + 2v\dot{y}' + \dot{v}y' + v^2y''\right) - \frac{1}{2}EA(y')^3 - EAy''(y')^2 = P \quad （3\text{--}14）$$

$$(EIy'')''y' + \mu\left(2v\dot{y}' + v^2y''\right)y' - \rho A\dot{v} - \rho A\ddot{u} + EAy'y'' = \overline{P} \quad （3\text{--}15）$$

3.2　方程求解

3.2.1　基础展开函数假设

轴向运动梁的长度随时间不断变化，因此梁振动的频率和振型也在不断变化，是一个变结构问题，所以，轴向运动梁振动系统是一个时变的强耦合、非线性系统，对于时变系统，固有频率和振型已经失去了意义，必须用新的方法来描述和研究。

本书仍采用 Glerkin 法来分离变量，不过在假设基础展开函数时要考虑系统的时变特性。本书在悬臂梁特征函数的基础上提出了一种比较合适的基础展开函数。

尽管模态的概念已经不再适用，但仍可用悬臂梁的特征函数来加以展开，设

$$y(x,t) = \sum_{i=1}^{\infty} \eta_i(t)\phi_i(\chi) \quad （3\text{--}16）$$

这里的基础展开函数 ϕ 的自变量不是原来的位置变量 x，而是耦合了时变的梁长 $l(t)$ 的新的变量 χ：

$$\chi = \frac{x}{l(t)} \quad （3\text{--}17）$$

相应的基础展开函数 ϕ 的表达式为

$$\phi_i(\chi) = \left[\cosh(\lambda_i\chi) - \cos(\lambda_i\chi)\right] - \sigma_i\left[\sinh(\lambda_i\chi) - \sin(\lambda_i\chi)\right] \quad （3\text{--}18）$$

其中：

$$\sigma_i = \frac{\cosh \lambda_i + \cos \lambda_i}{\sinh \lambda_i + \sin \lambda_i} \quad i = 1, 2, \cdots, \infty \qquad (3\text{–}19)$$

λ_i 为超越方程 $1 + \cosh \lambda \cos \lambda = 0$ 的根（1.875，4.694，7.855，10.996，…）。

这里的 $\phi_i(\chi)$ 不是模态，仅是形状函数，而且其对时间的偏导数不再为零，即有

$$\dot{\chi} = -\frac{x}{l^2} \dot{i} = -\frac{\chi \dot{i}}{l} \qquad (3\text{–}20)$$

$$\frac{\partial y(x,t)}{\partial t} = \sum_{i=1}^{\infty} \dot{\eta}_i(t) \phi_i(\chi) - \frac{\chi \dot{i}}{l} \sum_{i=1}^{\infty} \eta_i(t) \frac{\partial \phi_i(\chi)}{\partial \chi} \qquad (3\text{–}21)$$

$$\begin{aligned}
\frac{\partial^2 y(x,t)}{\partial t^2} &= \sum_{i=1}^{\infty} \ddot{\eta}_i(t) \phi_i(\chi) - 2\frac{\chi \dot{i}}{l} \sum_{i=1}^{\infty} \dot{\eta}_i(t) \frac{\partial \phi_i(\chi)}{\partial \chi} - \\
&\quad \chi \frac{l\ddot{i} - 2\dot{i}^2}{l^2} \sum_{i=1}^{\infty} \eta_i(t) \frac{\partial \phi_i(\chi)}{\partial \chi} + \frac{\chi^2 \dot{i}^2}{l^2} \sum_{i=1}^{\infty} \eta_i(t) \frac{\partial^2 \phi_i(\chi)}{\partial \chi^2}
\end{aligned} \qquad (3\text{–}22)$$

$$\frac{\partial y(x,t)}{\partial x} = \sum_{i=1}^{\infty} \eta_i(t) \frac{\partial \phi_i(\chi)}{\partial \chi} \chi' = \frac{1}{l} \sum_{i=1}^{\infty} \eta_i(t) \frac{\partial \phi_i(\chi)}{\partial \chi} \qquad (3\text{–}23)$$

$$\frac{\partial y^2(x,t)}{\partial x^2} = \frac{1}{l^2} \sum_{i=1}^{\infty} \eta_i(t) \frac{\partial^2 \phi_i(\chi)}{\partial \chi^2} \qquad (3\text{–}24)$$

$$\frac{\partial y^2(x,t)}{\partial x \partial t} = \frac{1}{l} \sum_{i=1}^{\infty} \dot{\eta}_i(t) \frac{\partial \phi_i(\chi)}{\partial \chi} - \frac{\dot{i}}{l^2} \sum_{i=1}^{\infty} \eta_i(t) \frac{\partial \phi_i(\chi)}{\partial \chi} - \frac{\chi \dot{i}}{l^2} \sum_{i=1}^{\infty} \eta_i(t) \frac{\partial^2 \phi_i(\chi)}{\partial \chi^2} \qquad (3\text{–}25)$$

3.2.2　横向振动方程离散化

下面先对横向振动方程进行离散。将式（3–21）～式（3–25）代入式（3–6）得

$$\sum_{i=1}^{\infty}\left[EI(x)\phi_i''(\chi)\right]''\eta_i(t)+\mu(\chi)\left[\sum_{i=1}^{\infty}\ddot{\eta}_i(t)\phi_i(\chi)-2\frac{\chi i}{l}\sum_{i=1}^{\infty}\dot{\eta}_i(t)\frac{\partial\phi_i(\chi)}{\partial\chi}-\right.$$

$$\left.\chi\frac{l\ddot{i}-2\dot{i}^2}{l^2}\sum_{i=1}^{\infty}\eta_i(t)\frac{\partial\phi_i(\chi)}{\partial\chi}+\frac{\chi^2\dot{i}^2}{l^2}\sum_{i=1}^{\infty}\eta_i(t)\frac{\partial^2\phi_i(\chi)}{\partial\chi^2}\right]+$$

$$2\mu(\chi)v\left[\frac{1}{l}\sum_{i=1}^{\infty}\dot{\eta}_i(t)\frac{\partial\phi_i(\chi)}{\partial\chi}-\frac{\dot{i}}{l^2}\sum_{i=1}^{\infty}\eta_i(t)\frac{\partial\phi_i(\chi)}{\partial\chi}-\frac{\chi\dot{i}}{l^2}\sum_{i=1}^{\infty}\eta_i(t)\frac{\partial^2\phi_i(\chi)}{\partial\chi^2}\right]+$$

$$\mu(\chi)\dot{v}\frac{1}{l}\sum_{i=1}^{\infty}\eta_i(t)\frac{\partial\phi_i(\chi)}{\partial\chi}+\mu(\chi)v^2\frac{1}{l^2}\sum_{i=1}^{\infty}\eta_i(t)\frac{\partial^2\phi_i(\chi)}{\partial\chi^2}-\frac{1}{2}EA\left[\frac{1}{l}\sum_{i=1}^{\infty}\eta_i(t)\frac{\partial\phi_i(\chi)}{\partial\chi}\right]^3-$$

$$EA\frac{1}{l^2}\sum_{i=1}^{\infty}\eta_i(t)\frac{\partial^2\phi_i(\chi)}{\partial\chi^2}\left[\frac{1}{l}\sum_{i=1}^{\infty}\eta_i(t)\frac{\partial\phi_i(\chi)}{\partial\chi}\right]^2=P \tag{3-26}$$

合并得

$$\sum_{i=1}^{\infty}\left(EI(x)\phi_i''(\chi)\right)''\eta_i(t)+\sum_{i=1}^{\infty}\ddot{\eta}_i(t)\mu(\chi)\phi_i(\chi)+\frac{2}{l}\sum_{i=1}^{\infty}\dot{\eta}_i(t)\left(-\dot{i}\chi+v\right)\mu(\chi)\frac{\partial\phi_i(\chi)}{\partial\chi}+$$

$$\frac{1}{l^2}\sum_{i=1}^{\infty}\eta_i(t)\left[(-l\ddot{i}+2\dot{i}^2)\chi-2v\dot{i}+l\dot{v}\right]\mu(\chi)\frac{\partial\phi_i(\chi)}{\partial\chi}+$$

$$\frac{1}{l^2}\sum_{i=1}^{\infty}\eta_i(t)\left(\dot{i}^2\chi^2-2v\dot{i}\chi+v^2\right)\mu(\chi)\frac{\partial^2\phi_i(\chi)}{\partial\chi^2}=$$

$$P(\chi)+\frac{1}{2}EA\left[\frac{1}{l}\sum_{i=1}^{\infty}\eta_i(t)\frac{\partial\phi_i(\chi)}{\partial\chi}\right]^3+EA\frac{1}{l^2}\sum_{i=1}^{\infty}\eta_i(t)\frac{\partial^2\phi_i(\chi)}{\partial\chi^2}\left[\frac{1}{l}\sum_{i=1}^{\infty}\eta_i(t)\frac{\partial\phi_i(\chi)}{\partial\chi}\right]^2 \tag{3-27}$$

将式（3-27）化简后两边同时乘以 $\phi_j(\chi)$，并对 χ 从 0 到 1 积分，按 $\eta_i(t)$ 整理得

$$\sum_{i=1}^{\infty}\ddot{\eta}_i(t)\int_0^1\mu(\chi)\phi_i(\chi)\phi_j(\chi)\mathrm{d}\chi+\sum_{i=1}^{\infty}\eta_i(t)\frac{1}{l^2}\int_0^1EJ(\chi)\frac{\partial^2\phi_i(\chi)}{\partial\chi^2}\frac{\partial^2\phi_j(\chi)}{\partial\chi^2}\mathrm{d}\chi+$$

$$\frac{2}{l}\sum_{i=1}^{\infty}\dot{\eta}_i(t)\int_0^1\left(-\dot{i}\chi+V\right)\mu(\chi)\frac{\partial\phi_i(\chi)}{\partial\chi}\phi_j(\chi)\mathrm{d}\chi+$$

$$\frac{1}{l^2}\sum_{i=1}^{\infty}\eta_i(t)\int_0^1\left[(-l\ddot{i}+2\dot{i}^2)\chi-2V\dot{i}+l\dot{V}\right]\mu(\chi)\frac{\partial\phi_i(\chi)}{\partial\chi}\phi_j(\chi)\mathrm{d}\chi+$$

$$\frac{1}{l^2}\sum_{i=1}^{\infty}\eta_i(t)\int_0^1\left(\dot{i}^2\chi^2-2V\dot{i}\chi+V^2\right)\mu(\chi)\frac{\partial^2\phi_i(\chi)}{\partial\chi^2}\phi_j(\chi)\mathrm{d}\chi=$$

$$\int_0^1P(\chi)\phi_j(\chi)\mathrm{d}\chi+\frac{1}{2}\int_0^1EA\left[\frac{1}{l}\sum_{i=1}^{\infty}\eta_i(t)\frac{\partial\phi_i(\chi)}{\partial\chi}\right]^3\phi_j(\chi)\mathrm{d}\chi+$$

$$\int_0^1EA\frac{1}{l^2}\sum_{i=1}^{\infty}\eta_i(t)\frac{\partial^2\phi_i(\chi)}{\partial\chi^2}\left[\frac{1}{l}\sum_{i=1}^{\infty}\eta_i(t)\frac{\partial\phi_i(\chi)}{\partial\chi}\right]^2\phi_j(\chi)\mathrm{d}\chi \tag{3-28}$$

若考虑阻尼，加比例阻尼，方程中增加一项 $2\xi_j\omega_j\dot{\eta}_j(t)$ 即可，则写成矩阵式：

$$[M(t)]\{\ddot{\eta}(t)\}+[C(t)]\{\dot{\eta}(t)\}+[K(t)]\{\eta(t)\}=\{Q(t)\} \qquad (3\text{-}29)$$

其中：

$$M(t)=\int_0^1 \mu(x)\boldsymbol{\phi}(\chi)\boldsymbol{\phi}^{\mathrm{T}}(\chi)\mathrm{d}\chi \qquad (3\text{-}30)$$

$$C(t)=\frac{2}{l}\int_0^1\left(-i\chi+v\right)\mu(\chi)\boldsymbol{\phi}(\chi)\left[\frac{\partial\boldsymbol{\phi}(\chi)}{\partial\chi}\right]^{\mathrm{T}}\mathrm{d}\chi+\mathrm{diag}(2\xi\omega) \qquad (3\text{-}31)$$

$$K(t)=\frac{1}{l^2}\int_0^1\left[\left(-\ddot{i}+2\dot{i}^2\right)\chi-2v\dot{i}+l\dot{v}\right]\mu(\chi)\boldsymbol{\phi}(\chi)\left[\frac{\partial\boldsymbol{\phi}(\chi)}{\partial\chi}\right]^{\mathrm{T}}\mathrm{d}\chi+\frac{1}{l^2}\int_0^1 EJ\frac{\partial^2\boldsymbol{\phi}(\chi)}{\partial\chi^2}\left[\frac{\partial^2\boldsymbol{\phi}(\chi)}{\partial\chi^2}\right]^{\mathrm{T}}\mathrm{d}\chi+$$

$$\frac{1}{l^2}\int_0^1\left(\dot{i}^2\chi^2-2v\dot{i}\chi+v^2\right)\mu(\chi)\boldsymbol{\phi}(\chi)\left[\frac{\partial^2\boldsymbol{\phi}(\chi)}{\partial\chi^2}\right]^{\mathrm{T}}\mathrm{d}\chi \qquad (3\text{-}32)$$

$$Q(t)=\int_0^1 P(\chi)\boldsymbol{\phi}(\chi)\mathrm{d}\chi+\frac{1}{2}\int_0^1 EA\boldsymbol{\phi}(\chi)\left\{\left[\frac{1}{l}\sum_{i=1}^{\infty}\eta_i(t)\frac{\partial\boldsymbol{\phi}_i(\chi)}{\partial\chi}\right]^3\right\}^{\mathrm{T}}\mathrm{d}\chi+$$

$$\int_0^1 EA\frac{1}{l^2}\boldsymbol{\phi}(\chi)\left\{\sum_{i=1}^{\infty}\eta_i(t)\frac{\partial^2\boldsymbol{\phi}_i(\chi)}{\partial\chi^2}\cdot\left[\frac{1}{l}\sum_{i=1}^{\infty}\eta_i(t)\frac{\partial\boldsymbol{\phi}_i(\chi)}{\partial\chi}\right]^2\right\}^{\mathrm{T}}\mathrm{d}\chi \qquad (3\text{-}33)$$

3.2.3 方程求解

1. 变系数非线性微分方程求解方法

从以上各方程知道，微分方程的系数矩阵里含有随时间变化的量，因此是变系数微分方程，只能用数值方法求解。常用的方法有 Runge-Kutta 法、逐步积分法（Wilson-θ 法、Newmark-β 法等）、小参数法和精细积分法。

2. 逐步积分法

在逐步积分法中，采用一系列短时间增量 Δt 计算结构响应，在每个时间间隔的起点和终点建立动力平衡条件，假定加速度按某种规律变化，而体系的特性在这个时段内保持为常量，并将体系的速度和位移表示为加速度的函数，从而将微分方程组转换为代数方程组，可以求解得到体系在这一时段内的加速度、速度和位移响应。

逐步积分法的常用方法有线性加速度法、Wilson-θ法、Newmark-β法等。线性加速度法计算简单，但是有条件稳定的，使用受到限制；Wilson-θ法和 Newmark-β法是无条件稳定的，适用范围广，Newmark-β法的计算精度比 Wilson-θ法的高，因此本书选择 Newmark-β法，利用 MATLAB 语言编程对振动方程进行求解。

3.2.4　数值仿真

为了了解轴向运动梁的特性，根据所建立的模型利用 MATLAB 编程，对以不同速度运动的不同梁长的轴向运动梁的振动进行了数值仿真。仿真时所用的模型参数如下：

梁的尺寸：长 0.7 ～ 1.5 m，内径 ϕ 23 mm，外径 Φ 45 mm；材料：A3 钢，ρ =7.84 × 10^3 kg/m^3；梁的一端自由，一端在一固定约束内滑动。梁的轴向运动有两个方向：从约束端向外伸展（称为外伸梁）和从约束端方向回缩（称为内缩梁），以下将对这两种轴向运动梁分别进行分析，分为匀速运动和匀加速移动两种情况进行仿真。

1. 匀速运动轴向运动梁振动分析

（1）内缩梁。

1）轴向运动速度对梁振动的影响分析。

取初始梁长为 0.7 m，轴向运动速度分别取 v=10 m/s、20 m/s、30 m/s、40 m/s、50 m/s、60 m/s、70 m/s、80 m/s、90 m/s、100 m/s、120 m/s、140 m/s、160 m/s、180 m/s、200 m/s，分别进行仿真。

从图 3-3 ～图 3-9（图中 v 的单位是 m/s）可以看出：对于内缩梁，

随着梁的轴向运动，自由端的振动位移越来越小；轴向运动速度越大，梁轴向运动停止时自由端的振动位移就越大，振动最大位移反而越小（见图3-3、图3-4），当速度达到某一值时，振幅突然迅速增大。

从功率谱分析（见图3-5），梁轴向运动速度比较小时，低阶频率特别是一阶频率成分占主导地位，不会出现内共振，随着梁轴向运动速度的增加，高阶成分占的比例越来越大，就会发生内共振的可能；速度越大，谐振频率越高（见图3-6）。

出现这种现象的原因也可以从频率曲线以及三一阶和二一阶频率比曲线（见图3-8、图3-9）分析得出。因为在速度达到某一值后，频率迅速增大，而且产生了内共振现象（某两阶频率成整数倍），这应该是振动突然加剧的原因。

在产生以上现象以前，匀速运动轴向运动内缩梁的相平面图基本呈带把的纺锤形，有一个很明显的焦点，即零点。随着轴向运动速度的增加，相平面图逐渐向外扩展，当超过某速度值后产生了内共振，就不再呈纺锤形，而是迅速向外扩展（见图3-7）。

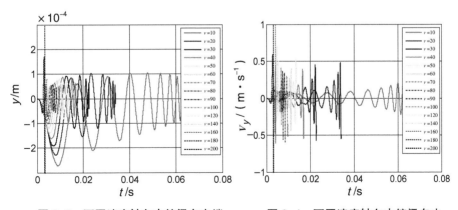

图3-3　不同速度轴向内缩梁自由端横向位移曲线

图3-4　不同速度轴向内缩梁自由端速度曲线

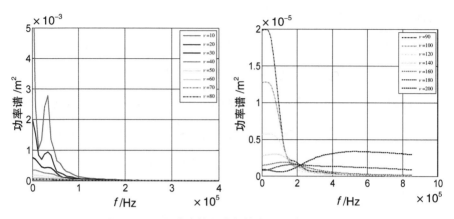

图 3-5　不同速度轴向内缩梁自由端功率谱曲线

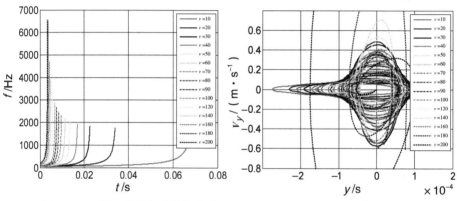

图 3-6　不同速度轴向内缩梁自由
端一阶频率

图 3-7　不同速度轴向内缩梁自由端
振动相平面图

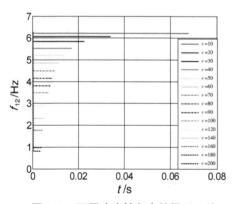

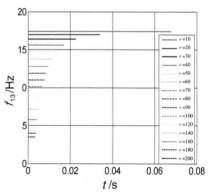

图 3-8　不同速度轴向内缩梁二一阶
频率比

图 3-9　不同速度轴向内缩梁三一
阶频率比

2）梁长对轴向运动梁振动的影响仿真。

分别取梁长为 0.5 m、1.0 m，并与前文所取的 0.7 m 对照，对不同速度下、不同梁长的匀速运动轴向运动梁的振动进行仿真，如图 3–10 所示。

从图 3–10 可以看出：梁的长度越长，自由端的最大振动幅度就越大，频率剧增以及发生内共振的速度就越小。

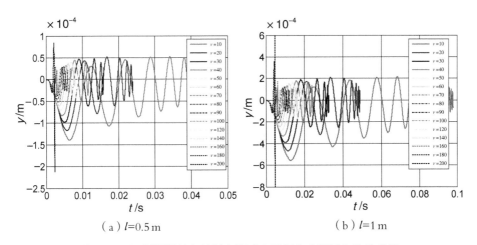

（a）$l=0.5$ m　　　　　　　　（b）$l=1$ m

图 3–10　不同梁长的匀速轴向运动内缩梁自由端横向位移曲线

（2）外伸梁。

取与内缩梁结构参数完全一致的梁，对该梁从外伸量为 0 开始以 $v=2$ m/s、3 m/s、4 m/s、5 m/s、10 m/s、20 m/s、30 m/s、40 m/s、50 m/s、60 m/s 的速度轴向外伸来进行仿真。如图 3–11 ～图 3–14 所示。

从图 3–13 ～图 3–15 可以看出：

对于匀速运动的轴向外伸梁，随着轴向运动，自由端位移越来越大；轴向运动速度越大，梁轴向运动停止时自由端的振动位移就越大，频率也越高，振动最大位移随着轴向运动速度的增大而增大。

直到速度达到某一值（本例中达到 60 m/s）时，位移、速度、加速度都突然迅速增大，很明显发生了共振，原因与前文对内缩梁的分析一样。

从功率谱分析，速度较小时，梁振动的成分以比较固定的一个或两个频率成分为主，当速度达到一定值后频率成分发生突变，高频成分起的作用加强，频率分布开始扩展，不再以某一个或两个频率成分为主，这样产生内共振的概率自然就增大了。

在产生以上现象以前，匀速运动外伸梁的相平面图为椭圆形，相平面图有一个很明显的焦点，就是零点。随着轴向运动速度的增加，相平面图逐渐向外呈螺旋形扩展。当速度超过某一值后，由于产生了内共振，相平面图迅速散开。

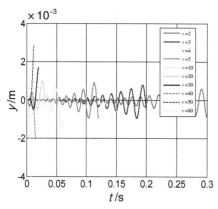

图 3-11 不同速度轴向外伸梁自由端位移曲线

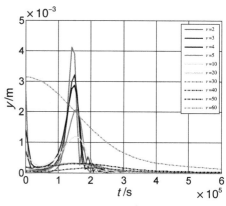

图 3-12 不同速度轴向外伸梁功率谱曲线

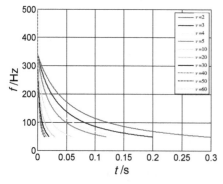

图 3-13 不同速度轴向外伸梁一阶频率曲线

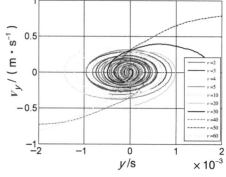

图 3-14 不同速度匀速轴向外伸梁振动相平面图

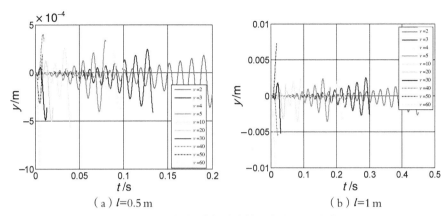

（a）$l=0.5$ m　　　　　　　（b）$l=1$ m

图 3-15　不同梁长的匀速外伸梁自由端位移曲线

2. 匀加速运动轴向运动梁振动分析

（1）内缩梁。

对于长度为 0.7 m 的轴向匀加速运动内缩梁，就梁的轴向末速分别为 10 m/s、20 m/s、30 m/s、40 m/s、50 m/s、60 m/s、70 m/s、80 m/s、90 m/s、100 m/s、120 m/s、140 m/s、160 m/s、180 m/s、200 m/s、250 m/s 时，对这 16 种工况下梁的振动进行仿真，结果如图 3-16～图 3-20 所示（图中的 y 为轴向运动末速）。

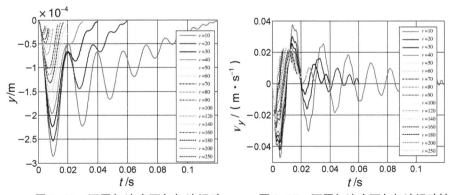

图 3-16　不同加速度下匀加速运动轴向内缩梁自由端横向振动位移曲线

图 3-17　不同加速度下匀加速运动轴向内缩梁自由端横向振动速度曲线

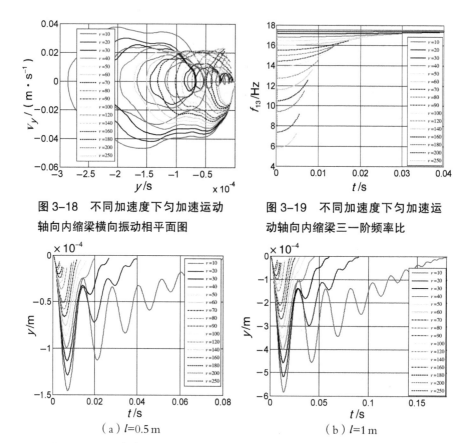

图 3-18 不同加速度下匀加速运动
轴向内缩梁横向振动相平面图

图 3-19 不同加速度下匀加速运
动轴向内缩梁三一阶频率比

（a）l=0.5 m

（b）l=1 m

图 3-20 不同梁长、不同加速度下匀加速运动轴向内缩梁自由端位移曲线

（2）外伸梁。

对不同末速下（对应不同加速度）的轴向加速运动外伸梁振动进行仿真，结果如图 3-21～图 3-27 所示。

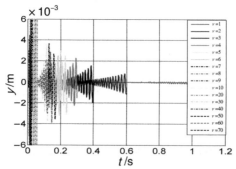

图 3-21 不同末速下匀加速运动轴向外伸梁自由端位移曲线

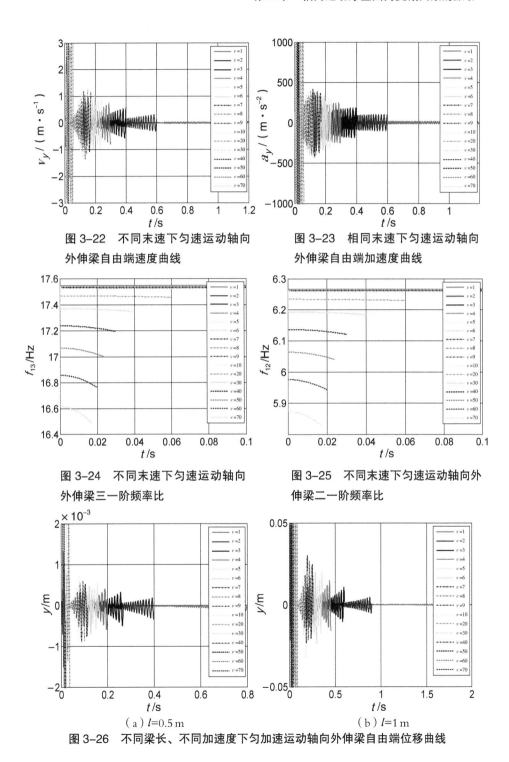

图 3-22　不同末速下匀速运动轴向
外伸梁自由端速度曲线

图 3-23　相同末速下匀速运动轴向
外伸梁自由端加速度曲线

图 3-24　不同末速下匀速运动轴向
外伸梁三一阶频率比

图 3-25　不同末速下匀速运动轴向外
伸梁二一阶频率比

（a）$l=0.5\,\mathrm{m}$

（b）$l=1\,\mathrm{m}$

图 3-26　不同梁长、不同加速度下匀加速运动轴向外伸梁自由端位移曲线

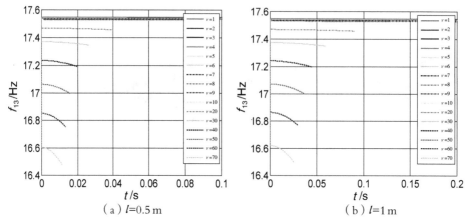

图 3-27 不同梁长、不同加速度下匀加速运动轴向外伸梁三一阶频率比

从以上仿真结果可以看出：

（1）匀加速轴向运动梁，自由端的最大位移、速度、加速度以及轴向运动停止时的位移、速度、加速度随加速度的变化都比匀速运动的大。

（2）匀加速轴向运动梁的二一阶和三一阶频率在多个加速度时出现了呈整数倍的时刻，因此会比匀速运动更容易出现内共振的现象。

（3）梁长越长，匀加速轴向运动梁的振动幅度就越大，而且在轴向运动过程中振动幅度增大的速度更快。

（4）匀加速轴向内缩梁和外伸梁都随着加速度的增加而振动加剧。

3.3 轴向运动梁的两个现象

3.3.1 轴向运动梁的内共振现象

内共振现象是多自由度非线性振动系统的重要特性之一，自从 1933 年被发现以来就一直倍受关注。存在内共振关系的振动系统是非常普遍的，是线性振动系统所没有的，也是不存在内共振关系的非线性系统所没有的。

内共振关系是指存在正或负的整数 m_1，m_2，$\cdots$，m_n，使得系统的若干个固有频率 ω_1，ω_2，$\cdots$，ω_n 之间存在如下关系：

$$m_1\omega_1 + m_2\omega_2 + \cdots + m_n\omega_n \approx 0 \tag{3-34}$$

在自由振动系统中，初始时给予涉及内共振的某一阶模态的能量，将在涉及内共振的全部模态之间不断地变换，如果系统中有阻尼，那么能量在变换中将不断减少。

在存在内共振现象的系统中，发生内共振的两个模态之间会发生耦合效应，能量不断地在两个线性模态之间进行交换。当系统参数变化时，非线性模态流形从非内共振到近内共振，再到精确内共振演变。非内共振时，系统的非线性模态在位形空间中保持严格的单调性，而当近内共振时，系统的非线性模态将失去单调性。在某些条件下，即使有阻尼，也不存在稳态运动，这时能量在这两个模态之间不断地交换而不衰减。

内共振现象的存在给系统带来的影响完全是由系统的非线性特性决定的，即不同自由度之间通过耦合形成的非线性项引起的。所以，对内共振非线性系统的研究较之一般的非线性系统的研究要复杂得多。

轴向运动梁的振动是复杂的非线性振动，存在内共振现象，从仿真结果已经可以看出，它影响着梁的振动，在梁的轴向运动速度达到一个由梁系统参数确定的速度值时，就会发生共振，可以利用多种非线性分析方法来研究，要得到具体的发生内共振的时机必须用解析的方法来得到，陈予恕、黄建亮、陈立群等学者已做了不少研究。

3.3.2　轴向运动梁的临界速度

从仿真结果看，不管是匀速运动轴向梁还是匀加速运动轴向梁，随着梁轴向运动速度的不断增大，当速度达到某一值时，振动幅度突然增大，结构发生共振趋于破坏，我们称这个产生共振的速度为"临界速度"。如果梁轴向运动的速度大于这个临界速度，则梁在零平衡位置失去稳定性，相平面图中的零平衡位置这一焦点不再稳定存在。从非线性问题的角度考虑，则会出现非零平衡位置，这类似于压杆稳定问题。

3.4 小　　结

本章以火炮射击时身管的后坐复进运动对身管（特别是炮口振动）的影响分析为应用背景，结合火炮射击时身管的后坐复进运动特点，建立了考虑梁弯曲变形影响的变速轴向运动变截面厚壁圆筒梁的振动方程，然后提出了一种考虑了其时变特性的基础展开函数，利用 Gerlkin 方法对方程进行了离散，然后利用 Newmark-β 法求解了微分方程，用 MATLAB 语言编程进行了数值仿真，分匀速轴向运动和加速轴向运动两种情况，针对轴向外伸梁和内缩梁两种梁结构，详细分析了轴向运动速度和梁长等因素对梁振动的影响，为进行火炮身管振动模型的建立和分析做了另一部分前期准备工作。通过分析可得出以下结论：

（1）由于梁的长度和截面在不断变化，而且速度也不是匀速的，因此轴向运动变截面厚壁圆筒梁的振动是一个非线性问题。

（2）梁的轴向运动，特别是加速运动，存在一个速度极限，此值与梁的尺寸有关，梁轴向运动的速度大于这个临界速度，容易出现频率消失而失稳，原因是随着梁速度的变化，梁振动的频率成分也发生变化，越来越多的高阶成分加入，使得产生内共振现象的概率增大。当梁的轴向运动速度达到内共振条件时，梁的振动幅度急剧增大，因此设计此类结构时要对梁截面尺寸、轴向运动速度以及加速度进行优化组合，避开内共振点。

（3）反映到火炮身管振动上，就是在设计反后坐装置时，除了考虑降低后坐阻力、减小炮架受力和提高稳定性外，还要考虑后坐和复进时后坐部分的运动速度和加速度，使之不要引起身管的内共振和失稳，因此将反后坐装置设计与炮身设计一起进行，便于调整其结构和运动参数。

| 第 4 章 |

旋转移动载荷作用下轴向运动梁的横向振动

在前两章，我们已经将旋转移动质量作用下厚壁圆筒梁的振动和高速轴向运动梁的振动这两种振动的振动方程建立起来，并对它们的振动特性进行了分析。本章我们将分析一种更复杂的振动，即旋转移动载荷作用下轴向运动梁的振动（身管的振动就是这种模式），实质上就是将以上两种振动结合起来进行分析，建立其振动方程并求解，然后分析其振动特性，并进行参数影响分析。这种振动结合了前两种振动的特征，而且发生耦合作用，是一种更复杂的振动。

4.1 旋转移动载荷作用下轴向运动梁的振动方程的建立

根据第 3 章对轴向运动梁振动的分析，见式（3–15）、（3–16），轴向运动梁的振动方程为

$$(EIy'')''y' + \mu\left(2v\dot{y}' + v^2y''\right)y' - \rho A\dot{v} - \rho A\ddot{u} + EAy'y'' = \overline{P} \qquad (4\text{–}1)$$

$$(EIy'')'' + \mu\left(\ddot{y} + 2v\dot{y}' + \dot{v}y' + v^2y''\right) - \frac{1}{2}EA(y')^3 - EAy''(y')^2 = P \qquad (4\text{–}2)$$

再根据第 2 章对旋转移动载荷作用下梁振动的分析，见式（2-12）、（2-13），有

$$F_a(t) = -m(\dot{v} + g\sin\theta_0)\,\delta(x-\xi) \tag{4-3}$$

$$F_t(t) = -m\left[\ddot{y}(\xi,t) + v^2 y''(\xi,t) + 2v\dot{y}'(\xi,t) + \dot{v}y'(\xi,t) + g\cos\theta_0\right]\delta(x-\xi) - mR_s\omega_m^2\sin(\omega_m t)\delta(x-\xi) \tag{4-4}$$

因此，旋转移动载荷作用下轴向运动梁的振动方程为

$$(EIy'')''y' + \mu\left(2v\dot{y}' + v^2 y''\right)y' - \rho A\dot{v} - \rho A\ddot{u} + EAy'y'' = -m(\dot{v} + g\sin\theta_0)\delta(x-\xi) \tag{4-5}$$

$$(EIy'')'' + \mu\left(\ddot{y} + 2v\dot{y}' + \dot{v}y' + v^2 y''\right) - \frac{1}{2}EA(y')^3 - EAy''(y')^2 =$$
$$-m\left[\ddot{y}(\xi,t) + v^2 y''(\xi,t) + 2v\dot{y}'(\xi,t) + \dot{v}y'(\xi,t) + g\cos\theta_0\right]\delta(x-\xi) -$$
$$mR_s\omega_m^2\sin(\omega_m t)\delta(x-\xi) \tag{4-6}$$

此方程综合了前两章所建立的两组方程的所有项，结合了前两组方程的特点，更加复杂。对于轴向运动梁来说，其长度在随时间不断变化，因此梁的频率和振型也在不断变化，是一个变结构问题；同时由于该梁又受到了旋转移动载荷引起的载荷的作用，此载荷也是一个时变载荷。所以，旋转移动载荷作用下的轴向运动梁系统是一个受到时变非线性载荷作用的时变的非线性系统。

4.2　方程求解

下面来求解方程。对于火炮身管的振动来说，横向振动是影响射击精度的主要因素，因此这里就只对横向振动方程来进行分析求解。本章仍旧使用第 3 章的方法，即在悬臂梁的特征函数的基础上提出一种比较合适的基础展开函数。

4.2.1 基础展开函数假设

本节与第 3 章类似，仍用改造后的悬臂梁的振型函数来加以展开，设

$$y(x,t) = \sum_{i=1}^{\infty} \eta_i(t)\phi_i(\chi) \qquad (4-7)$$

这里的展开函数 ϕ 的自变量不是原来的位置变量 x，而是耦合了时变的梁长 $l(t)$ 的新的变量 χ，即

$$\chi = {x}/{l(t)} \qquad (4-8)$$

相应地，基础展开函数 ϕ 的表达式为

$$\phi_i(\chi) = \big[\cosh(\lambda_i\chi) - \cos(\lambda_i\chi)\big] - \sigma_i\big[\sinh(\lambda_i\chi) - \sin(\lambda_i\chi)\big] \qquad (4-9)$$

其中

$$\sigma_i = \frac{\cosh\lambda_i + \cos\lambda_i}{\sinh\lambda_i + \sin\lambda_i} \qquad i = 1,2,\cdots,\infty \qquad (4-10)$$

λ_i 为超越方程 $1 + \cosh\lambda\cos\lambda = 0$ 的根（1.875，4.694，7.855，10.996，…）。

这里的 $\phi_i(\chi)$ 不是模态，而仅是形状函数，其对时间的偏导数不再为零。

4.2.2 方程离散

将式（4-7）代入式（4-6）得：

$$\sum_{i=1}^{\infty}\Big[EI(x)\phi_i''(\chi)\Big]''\eta_i(t) + \sum_{i=1}^{\infty}\ddot{\eta}_i(t)\Big[m\delta\big(\chi - {\xi}/{l}\big) + \mu(\chi)\Big]\phi_i(\chi) +$$

$$\frac{2}{l}\sum_{i=1}^{\infty}\dot{\eta}_i(t)\Big[\mu(\chi)(-i\chi + v) + m(-i\chi + v)\delta\big(\chi - {\xi}/{l}\big)\Big]\frac{\partial\phi_i(\chi)}{\partial\chi} +$$

$$\sum_{i=1}^{\infty}\eta_i(t)\Big[\frac{\big(-i\ddot{l} + 2\dot{l}^2\big)\chi - 2v\dot{l} + l\dot{v}}{l^2}\mu(\chi) - m\frac{\big(\ddot{l} - 2\dot{l}^2\big)\chi + 2v\dot{l} - l\dot{v}}{l^2}\delta\big(\chi - {\xi}/{l}\big)\Big]\frac{\partial\phi_i(\chi)}{\partial\chi} +$$

$$\sum_{i=1}^{\infty}\eta_i(t)\Big[\frac{\dot{l}^2\chi^2 - 2v\dot{l}\chi + v^2}{l^2}\mu(\chi) + \frac{m}{l^2}\big(\dot{l}^2\chi^2 - 2v\dot{l}\chi + v^2\big)\delta\big(\chi - {\xi}/{l}\big)\Big]\frac{\partial^2\phi_i(\chi)}{\partial\chi^2} =$$

$$-\mu(x)g\cos\theta_0 - mg\cos\theta_0\delta\big(\chi - {\xi}/{l}\big) + \frac{1}{2}EA\Big[\frac{1}{l}\sum_{i=1}^{\infty}\eta_i(t)\frac{\partial\phi_i(\chi)}{\partial\chi}\Big]^3 +$$

$$EA\frac{1}{l^2}\sum_{i=1}^{\infty}\eta_i(t)\frac{\partial^2\phi_i(\chi)}{\partial\chi^2}\Big[\frac{1}{l}\sum_{i=1}^{\infty}\eta_i(t)\frac{\partial\phi_i(\chi)}{\partial\chi}\Big]^2 \qquad (4-11)$$

两边同时乘以 $\phi_j(\chi)$ 并对 x 从 0 到 1（对 χ 从 0 到 1）积分，按 $\eta_i(t)$ 整理得

$$\sum_{i=1}^{\infty}\ddot{\eta}_i(t)\left[\int_0^1\mu(\chi)\phi_i(\chi)\phi_j(\chi)\mathrm{d}\chi+m\phi_i(\tfrac{\xi}{l})\phi_j(\tfrac{\xi}{l})\right]+$$

$$\frac{2}{l}\sum_{i=1}^{\infty}\dot{\eta}_i(t)\int_0^1\mu(\chi)\left(-\dot{i}\chi+v\right)\frac{\partial\phi_i(\chi)}{\partial\chi}\phi_j(\chi)\mathrm{d}\chi+$$

$$\frac{2m}{l}\sum_{i=1}^{\infty}\dot{\eta}_i(t)\left(-\frac{\xi\dot{i}}{l}+v\right)\frac{\partial\phi_i(\tfrac{\xi}{l})}{\partial\chi}\phi_j(\tfrac{\xi}{l})+\frac{1}{l^2}\int_0^1 EJ(\chi)\frac{\partial^2\phi_i(\chi)}{\partial\chi^2}\frac{\partial^2\phi_j(\chi)}{\partial\chi}\mathrm{d}\chi+$$

$$\frac{1}{l^2}\sum_{i=1}^{\infty}\eta_i(t)\int_0^1\left[\left(-\ddot{i}+2\dot{i}^2\right)\chi-2v\dot{i}+l\dot{v}\right]\mu(\chi)\frac{\partial\phi_i(\chi)}{\partial\chi}\phi_i(\chi)\mathrm{d}\chi-$$

$$\frac{m}{l^2}\sum_{i=1}^{\infty}\eta_i(t)\left[\left(\ddot{i}-2\dot{i}^2\right)\tfrac{\xi}{l}\chi+2v\dot{i}+l\dot{v}\right]\frac{\partial\phi_i(\tfrac{\xi}{l})}{\partial\chi}\phi_j(\tfrac{\xi}{l})+$$

$$\frac{1}{l^2}\sum_{i=1}^{\infty}\eta_i(t)\int_0^1\left(\dot{i}^2\chi^2-2v\dot{i}\chi+v^2\right)\mu(\chi)\frac{\partial^2\phi_i(\chi)}{\partial\chi^2}\phi_j(\chi)\mathrm{d}\chi+$$

$$\sum_{i=1}^{\infty}\eta_i(t)\frac{m}{l^2}\left[\dot{i}^2\left(\tfrac{\xi}{l}\right)^2-2v\dot{i}\tfrac{\xi}{l}+v^2\right]\frac{\partial^2\phi_i(\tfrac{\xi}{l})}{\partial\chi^2}\phi_j(\tfrac{\xi}{l})=$$

$$\int_0^1 EA\frac{1}{l^2}\sum_{i=1}^{\infty}\eta_i(t)\frac{\partial^2\phi_i(\chi)}{\partial\chi^2}\left[\frac{1}{l}\sum_{i=1}^{\infty}\eta_i(t)\frac{\partial\phi_i(\chi)}{\partial\chi}\right]^2\phi_j(\chi)\mathrm{d}\chi-mg\cos\theta_0\phi_j(\tfrac{\xi}{l})-$$

$$g\cos\theta_0\int_0^1\mu(x)\phi_j(\chi)\mathrm{d}x+\frac{1}{2}\int_0^1 EA\left[\frac{1}{l}\sum_{i=1}^{\infty}\eta_i(t)\frac{\partial\phi_i(\chi)}{\partial\chi}\right]^3\phi_j(\chi)\mathrm{d}\chi \qquad （4-12）$$

若考虑阻尼，加比例阻尼，在方程中增加一项 $2\xi_j\omega_j\dot{\eta}_j(t)$ 即可。方程可简写为

$$M_{ij}\ddot{\eta}_i+C_{ij}\dot{\eta}_i+K_{ij}\eta_i=Q_i \qquad （4-13）$$

写成矩阵式

$$[M(t)]\{\ddot{\eta}(t)\}+[C(t)]\{\dot{\eta}(t)\}+[K(t)]\{\eta(t)\}=\{Q(t)\} \qquad （4-14）$$

其中

$$M(t)=\int_0^1\mu(x)\phi(\chi)\phi^{\mathrm{T}}(\chi)\mathrm{d}\chi+m\phi(\tfrac{\xi}{l})\phi^{\mathrm{T}}(\tfrac{\xi}{l}) \qquad （4-15）$$

$$C(t)=\mathrm{diag}(2\xi\omega)+\frac{2}{l}\int_0^1\mu(\chi)\left(-\dot{i}\chi+v\right)\phi(\chi)\left[\frac{\partial\phi(\chi)}{\partial\chi}\right]^{\mathrm{T}}\mathrm{d}\chi+$$

$$2m\left(\frac{v}{l}-\frac{\xi\dot{i}}{l^2}\right)\phi(\tfrac{\xi}{l})\left[\frac{\partial\phi(\tfrac{\xi}{l})}{\partial\chi}\right]^{\mathrm{T}} \qquad （4-16）$$

$$K(t) = \frac{1}{l^2}\int_0^1 EJ(\chi)\frac{\partial^2\boldsymbol{\phi}(\chi)}{\partial\chi^2}\left[\frac{\partial^2\boldsymbol{\phi}(\chi)}{\partial\chi^2}\right]^{\mathrm{T}}\mathrm{d}\chi - \frac{m}{l^2}\left[\left(l\ddot{i}-2i^2\right)\frac{\xi}{l}+2v\dot{i}-l\dot{v}\right]\boldsymbol{\phi}(\frac{\xi}{l})\left[\frac{\partial\boldsymbol{\phi}(\frac{\xi}{l})}{\partial\chi}\right]^{\mathrm{T}}+$$

$$\frac{1}{l^2}\int_0^1\left[\left(-l\ddot{i}+2i^2\right)\chi-2v\dot{i}+l\dot{v}\right]\mu(\chi)\boldsymbol{\phi}(\chi)\left[\frac{\partial\boldsymbol{\phi}(\chi)}{\partial\chi}\right]^{\mathrm{T}}\mathrm{d}\chi +$$

$$\frac{1}{l^2}\int_0^1\left(i^2\chi^2-2v\dot{i}\chi+v^2\right)\mu(\chi)\boldsymbol{\phi}(\chi)\left[\frac{\partial^2\boldsymbol{\phi}(\chi)}{\partial\chi^2}\right]^{\mathrm{T}}\mathrm{d}\chi +$$

$$\frac{m}{l^2}\left[i^2\left(\frac{\xi}{l}\right)^2-2v\dot{i}\frac{\xi}{l}+v^2\right]\boldsymbol{\phi}(\frac{\xi}{l})\left[\frac{\partial\boldsymbol{\phi}^2(\frac{\xi}{l})}{\partial\chi^2}\right]^{\mathrm{T}} \qquad (4\text{--}17)$$

$$Q(t) = \frac{1}{2}\int_0^1 EA\boldsymbol{\phi}(\chi)\left\{\left[\frac{1}{l}\sum_{i=1}^{\infty}\eta_i(t)\frac{\partial\phi_i(\chi)}{\partial\chi}\right]^3\right\}^{\mathrm{T}}\mathrm{d}\chi - g\cos\theta_0\int_0^l\mu(x)\boldsymbol{\phi}(\chi)\mathrm{d}x +$$

$$\int_0^1 EA\frac{1}{l^2}\boldsymbol{\phi}(\chi)\left\{\sum_{i=1}^{\infty}\eta_i(t)\frac{\partial^2\phi_i(\chi)}{\partial\chi^2}\cdot\left[\frac{1}{l}\sum_{i=1}^{\infty}\eta_i(t)\frac{\partial\phi_i(\chi)}{\partial\chi}\right]^2\right\}^{\mathrm{T}}\mathrm{d}\chi - mg\cos\theta_0\boldsymbol{\phi}(\frac{\xi}{l}) \quad (4\text{--}18)$$

4.3　数值仿真

从以上方程可知，微分方程的系数矩阵里含有随时间变化的量，因此是变系数微分方程，只能用数值方法求解。根据以上建立的计算模型，采用 Newmark-β 法，编制 MATLAB 程序，对所建立的方程进行了数值求解。

仿真时所用的梁的模型参数如下。

梁的尺寸：长 0.7～1.5 m，内径 ϕ 23 mm，外径 Φ 45 mm；材料：A3 钢，$\rho = 7.84 \times 10^3\,\mathrm{kg/m^3}$；梁的一端自由，一端在一固定约束内滑动；梁上有一个 m=1.0 kg 的移动质量，做轴向运动的同时沿自己的轴线旋转，设其质量偏心距为 rs=0.000 5 m。

以下就载荷匀速运动和匀加速运动两种情况，分别对不同速度的移动载荷作用下不同梁长的梁的横向振动进行仿真。

4.3.1　匀速运动

先研究移动质量和梁轴向运动均为匀速的轴向运动内缩梁的情况。对梁轴向运动的速度分别为 v=10 m/s、20 m/s、30 m/s、40 m/s、50 m/s、60 m/s、70 m/s、80 m/s、90 m/s，以及移动载荷速度分别为 v=100 m/s、120 m/s、150 m/s、200 m/s、250 m/s、300 m/s、350 m/s、400 m/s、450 m/s 的梁振动情况进行仿真。由于曲线太多，不容易分清，下图中只画出了部分曲线。如图 4-1～图 4-8 所示。

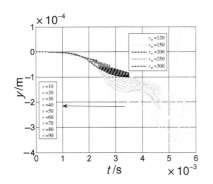

图 4-1　匀速运动移动质量和轴向运动共同作用梁的自由端振动位移曲线

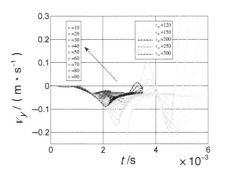

图 4-2　匀速运动移动质量和轴向运动共同作用梁的自由端振动速度曲线

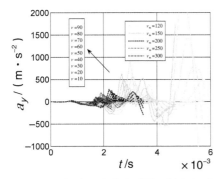

图 4-3　匀速运动移动质量和轴向运动共同作用梁的自由端振动加速度曲线

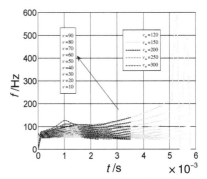

图 4-4　匀速运动移动质量和轴向运动共同作用梁的一阶振动频率曲线

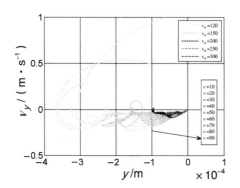

图 4-5　匀速运动移动质量和轴向运动共同作用段梁的振动相平面图

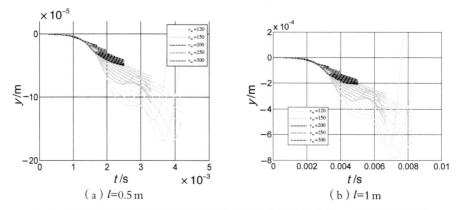

（a）$l=0.5\,\mathrm{m}$　　　　　　（b）$l=1\,\mathrm{m}$

图 4-6 不同梁长时匀速运动移动质量作用下轴向运动梁的自由端振动位移曲线

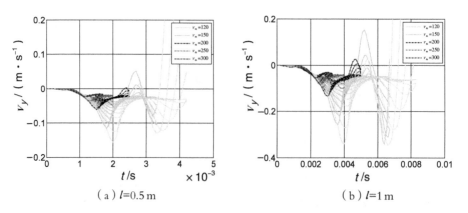

（a）$l=0.5\,\mathrm{m}$　　　　　　（b）$l=1\,\mathrm{m}$

图 4-7　不同梁长时匀速运动移动质量作用下轴向运动梁的自由端振动速度曲线

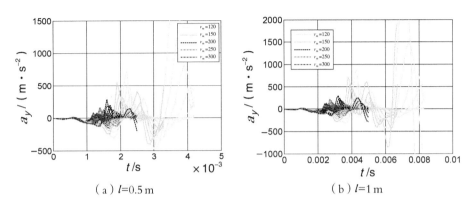

（a）$l=0.5\,\mathrm{m}$ 　　　　　　　　（b）$l=1\,\mathrm{m}$

图 4-8　不同梁长时匀速运动移动质量作用下轴向运动梁的自由端振动加速度曲线

从匀速运动的仿真结果来看，可以得出以下结论：

（1）移动载荷的速度越大，梁的最大振幅就越小（见图 4-1），原因容易理解，即移动载荷速度越大，它对梁的作用时间越短，对梁的影响就越小。

（2）梁的轴向运动速度越大，梁的最大振幅就越大（见图 4-2），原因是梁的轴向运动速度越大，对已发生弯曲变形的梁而言冲击惯性力就越大。

（3）当梁的轴向运动速度和移动载荷的速度满足一定关系后，梁的振动位移、速度、加速度会在移动载荷快要离开梁末端前突然发生跳跃性增大（见图 4-1 ～图 4-3）。

结合频率曲线（见图 4-4）来分析原因，从一阶频率曲线上看，发生跳变的位置刚好对应于频率突然增大的时刻，而且过了这一时刻，频率又迅速降为 0。这样说来应该是梁的轴向运动和移动载荷的运动发生了耦合作用，产生了类似物理上的压杆稳定问题，系统暂时失稳而发生这种现象。

（4）从相平面图（见图 4-5）上看，基本上是一个 "ω" 形，随着移动载荷速度的增大，相平面图有形成另一不稳定焦点的趋势（见图 4-5 的左半部分）。

（5）梁的长度越长，振动幅度越大（见图 4-6）。

（6）移动载荷质量对梁振动的影响应与第 2 章得出的结论相同。

4.3.2 匀加速运动

图 4-9 ～ 图 4-12 中的 v 和 v_m 分别为梁轴向运动末速和移动质量末速（对于匀加速运动，不同末速对应不同的加速度）。

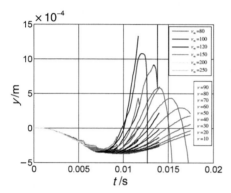

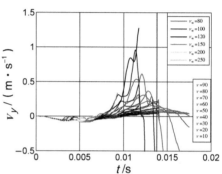

图 4-9 匀加速移动质量和轴向运动共同作用梁的自由端振动位移曲线

图 4-10 匀加速移动质量和轴向运动共同作用梁的自由端振动速度曲线

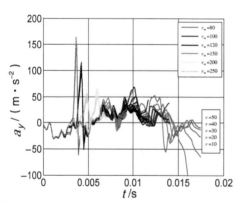

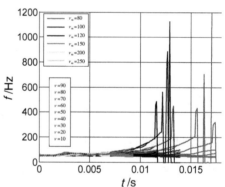

图 4-11 匀加速移动质量和轴向运动共同作用梁的自由端振动加速度曲线

图 4-12 匀加速移动质量和轴向运动共同作用梁的一阶横向振动频率曲线

从匀加速运动的仿真结果可知：

（1）随着梁轴向运动加速度的增大，梁的振动幅度不断增大（见图 4-9）。

（2）随着移动载荷加速度的增大，梁的振动幅度不断减小（见图4-9）。

（3）与匀速运动相同，随着速度的增加，在移动载荷即将离开梁自由端前，会出现振动突然加剧的现象（见图4-9～图4-11），而对应的频率也突然增大（见图4-12），其原因应与匀速运动的情况相同，梁的轴向运动和移动载荷的运动发生了耦合作用。

4.3.3　两个重要现象

从仿真结果和以上分析可以发现两个重要现象。

4.3.3.1　谐振频率的变化

梁的谐振频率随着系统结构和载荷的不断变化也在变化，梁的轴向运动速度或加速度越大，梁的谐振频率就越高。

梁的谐振频率随着移动载荷的速度或加速度的不断增大，从单调增加变为出现了峰值和突起，速度或加速度越大，峰值和突起越明显。

在移动载荷接近梁末端之前会出现谐振频率突变的情况，到最后谐振消失，谐振频率为 0。

4.3.3.2　极限速度比

针对梁谐振频率的变化，我们把梁谐振消失时移动载荷速度与梁的轴向运动速度的比值定义为极限速度比，当系统的速度满足这种情况时会出现谐振消失的现象，梁的振动也会发生突变。这其实也是移动载荷和梁轴向运动的耦合作用。

4.4　小　　结

本章以考虑了弹炮耦合作用和身管后坐复进运动的火炮身管振动为应用对象，在前两章的基础上，首次建立了旋转且轴向运动的运动质量作用下变速轴向运动变截面厚壁圆筒梁的振动方程，并利用所提出的基础展开函数进行了离散和求解，通过对匀速运动与匀加速运动两种情况进行数值仿真，对移动载荷作用下轴向运动梁的振动特性进行了分析，为建立身管振动方程奠定了基础。通过数值仿真结果分析得出如下结论：

旋转且轴向运动的移动质量作用下变速轴向运动变截面厚壁圆筒梁的振动耦合了旋转移动载荷作用下梁的振动和变速轴向运动变截面厚壁圆筒梁的振动这两种非线性振动的特点，方程和振动规律更加复杂。

除了体现两种振动的特点和受各自参数的影响外，二者的耦合作用使得出现共振的概率更大，存在一个极限速度比（移动质量速度和梁轴向运动速度比），达到该极限速度比后会出现新的共振点，对结构不利。

体现在火炮身管振动上，即弹丸的运动与身管的后坐复进运动会发生耦合共振现象，因此在进行火炮设计时要同时考虑反后坐装置设计、身管设计和内弹道设计，避免射击时身管出现共振。

| 第 5 章 |

陆上射击时火炮身管振动方程的建立和振动特性研究

国内外已有不少关于火炮身管振动分析方面的研究，但分析得并不全面，与实际情况有一定差距。本章针对现有模型的不完善之处，在第 4 章的基础上，考虑其时变特性，特别是身管长度变化，对身管振动模态、振型的影响，将身管简化为在加速运动移动质量和火药气体高速冲击作用下的变速轴向运动变截面厚壁圆筒梁，建立更加完善的火炮陆上射击时身管振动模型，并利用分离变量法对方程进行离散化求解，在数值仿真的基础上对火炮身管的振动特性进行分析。

5.1 火炮身管振动概述

在弹丸发射过程中，火炮身管中会产生复杂的弹性振动，这将对射击精度产生很大的影响。造成身管振动的因素有很多，包括 Bourdon 效应、弹炮相互作用、弹丸惯性、后坐不平衡，以及身管由于重力产生的初始挠度等。

　　射击过程中身管振动产生的直接因素是身管对弹丸运动的响应，间接因素是在射击时炮架受到的作用于身管和炮尾上的力和力矩[4]。不论振动的产生是由何因素造成的，以及幅度受何因素影响，最终都会反映到炮口的振动上。因此，需对炮口的位移响应单独分析。

　　身管的横向和纵向振动，是与炮身轴向的后坐复进运动和膛内弹丸运动同时存在的。因此，对于一般采用简形摇架的火炮炮身，振动中其悬臂长度和激励载荷的作用点和大小都是时变的，简称双时变。对这一重要现象，必须在振动分析中认真加以考虑。

　　火炮在发射时有两种运动并存，一种是弹丸在膛内火药气体的作用下向前运动，并高速旋转直至离开炮口以一定初速飞向目标，另一种是身管在火药气体和反后坐装置的作用下后坐，后坐到位后在反后坐装置的作用下复进到位，完成一个射击循环。

　　一个火炮射击循环过程可分为五段，如图5-1所示。

　　（1）膛内时期：即弹丸在身管内运动的时期，此时间段内身管在弹丸、火药气体压力以及反后坐装置作用下后坐。

　　（2）后效期：弹丸出炮口到火药气体作用消失为止的时期，此时间段内弹丸作用消失，但膛内仍有火药气体的压力作用，身管继续后坐。

　　（3）惯性后坐期：后效期结束点到后坐停止，身管惯性后坐到停止。

　　（4）复进时期：后坐结束后身管在反后坐装置储存的能量的作用下向初始位置复进，先加速后减速，最终停在起始位置。

　　（5）身管自由衰减期：身管停止复进后，振动在阻尼作用下自由衰减。

　　因此，身管的振动可以简化为旋转移动载荷和火药气体引起的Bourdon载荷（具体见5.2节）作用下的轴向运动梁的振动。

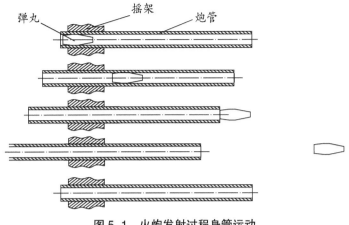

图 5-1　火炮发射过程身管运动

另外，身管的运动是在摇架内进行的，在摇架内运动的部分可看作刚性体，摇架在高低机、平衡机的作用下与其他架体连接，可以看作黏弹性支撑，所以要精确分析的话，整个身管也可简化为在黏弹性支撑下的刚柔耦合模型。如图 5-2 所示。

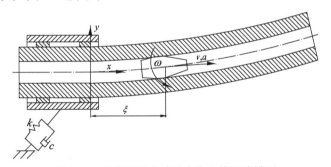

图 5-2　考虑弹性支撑的火炮身管振动模型

5.2　火炮发射时作用在身管上的载荷分析和计算

火炮发射时作用于身管等轴向运动梁上的载荷有梁本身重量载荷、梁的横向和纵向的惯性载荷、膛内火药气体产生的 Bourdon 载荷、炮口附加质量（炮口制退器质量）产生的载荷、弹丸的惯性和重量载荷以及弹丸的质量偏心产生的惯性载荷等。这些载荷分为纵向载荷和横向载荷，用下标"a"表示纵向载荷，用"t"表示横向载荷。x 处身管梁单元上的分布载荷和集中载荷的具体形式如下。

1. 身管的重量载荷

身管的重量载荷为

$$\left.\begin{array}{l} q_a(x,t) = \mu(x)g\sin\theta_0 \\ q_t(x,t) = \mu(x)g\cos\theta_0 \end{array}\right\} \qquad (5\text{--}1)$$

2. 身管的横向惯性载荷

身管的横向惯性载荷为

$$q_t(x,t) = -\mu(x)\ddot{y}(x,t) \qquad (5\text{--}2)$$

3. 身管的轴向运动惯性载荷

身管的轴向运动惯性载荷为

$$q_a(x,t) = -\mu(x)\ddot{x}_0(t) \qquad (5\text{--}3)$$

4. 膛内火药气体产生的 Bourdon 载荷

弯曲而受内压的身管产生的使其趋直的载荷称为 Bourdon 载荷，主要是由弯曲后上下内表面面积差产生的压力差引起的。Bourdon 载荷仅作用于移动质量后方空间的梁段上，且反抗弯曲。如图 5-3 所示。

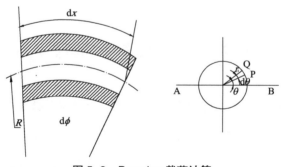

图 5-3　Bourdon 载荷计算

如图 5-3 所示，设 $p(x,t)$ 为作用于内膛的压力，对于内径为 r_1 的圆管，对于任意 θ，中性线的上下表面 P 点沿 x 方向的长度差为

$$\left[(R + r_1\sin\theta) - (R - r_1\sin\theta)\right]\mathrm{d}\phi = 2r_1\sin\theta\mathrm{d}\phi = \frac{2r_1}{R}\sin\theta\mathrm{d}x \qquad (5\text{-}4)$$

其相应的等效宽度为微弧 PQ 在 AB 线上的投影：$r_1\mathrm{d}\theta\sin\theta$。

故对应于微弧 PQ 的面积差为

$$\mathrm{d}s = \int_0^\pi \frac{2r_1^2}{R}\sin^2\theta\mathrm{d}x\mathrm{d}\theta = \pi r_1^2 y''(x,t)\mathrm{d}x \qquad (5\text{-}5)$$

则单位长度上产生的 Bourdon 载荷为

$$q_t(x,t) = \pi r_1^2 p(x,t) y''(x,t) \qquad (5\text{-}6)$$

式（5-6）中 $p(x,t)$ 为作用于内膛表面的压力。对于身管来说，Bourdon 载荷仅作用于弹后空间的梁段上，且反抗弯曲，故最后 Bourdon 载荷可写成

$$q_t(x,t) = -\pi r_1^2 p(\xi,t) y''(x,t) H(x - \xi) \qquad (5\text{-}7)$$

5. 弹丸的质量偏心引起的惯性载荷

弹丸的质量偏心引起的惯性载荷为

$$F_t(x,t) = -mR_s\dot{r}^2\sin(\dot{r}t)\vec{j} \qquad (5\text{-}8)$$

式中：$\dot{r}$ 为膛内移动质量自转角速度；R_s 为其质量偏心距。

6. 弹丸高速运动引起的载荷和重量载荷

弹丸高速运动引起的载荷相当于移动质量引起的载荷，根据第 2 章内容可知：

$$\left.\begin{array}{l} F_a(x,t) = m(\dot{v} + g\sin\theta_0) \\ F_t(x,t) = -m\left[\ddot{y}(\xi,t) + v^2 y''(\xi,t) + 2v\dot{y}'(\xi,t) + \dot{v}y'(\xi,t) - g\cos\theta_0\right] \end{array}\right\} \qquad (5\text{-}9)$$

式中：$\xi(t)$ 为弹丸沿弯曲身管在 t 时的行程；$v(t)$ 为膛内弹丸沿炮膛轴线运动的速度。

7. 炮口附加质量（炮口制退器质量）产生的载荷

炮口附加质量（炮口制退器质量）产生的载荷为集中力，容易求解，设附加质量的质量为 M_f，距约束端距离为 x_f，则：

$$\left.\begin{array}{l} F_a(x,t) = M_f(\dot{v} + g\sin\theta_0)\delta(x - x_f) \\ F_t(x,t) = M_f g\cos\theta_0\delta(x - x_f) \end{array}\right\} \qquad (5\text{-}10)$$

因此，作用在身管 x 处的横向、纵向分布力和力矩为

$$p(x,t) = -\pi r_1^2 p(\xi,t)y''(x,t)H(x-\xi) - mR_s\dot{r}^2\sin(\dot{r}t) + M_f g\cos\theta_0\delta(x-\xi) - m\left[\ddot{y}(x,t) + v^2 y''(x,t) + 2v\dot{y}'(x,t) + \dot{v}y'(x,t) - g\cos\theta_0\right] - \mu(x)g\cos\theta_0 \qquad (5\text{-}11)$$

$$\overline{p}(x,t) = \mu(x)g\sin\theta_0 - \mu(x)\ddot{x}_0(t) + m(\dot{v} + g\sin\theta_0) + M_f(\dot{v} + g\sin\theta_0)\,\delta(x - x_f) \qquad (5\text{-}12)$$

$$m(x,t) = 0 \qquad (5\text{-}13)$$

8. 火炮内弹道计算

弹丸在膛内时期的运动状况和膛内火药气体的压力分布情况需要通过内弹道计算来得到。这里只列出内弹道方程组（见下式），详细推导过程和符号意义见文献 [140]。

$$\left.\begin{array}{l} \psi = \chi Z\ (1 + \lambda Z + \mu Z^2) \\[2mm] \dfrac{\mathrm{d}Z}{\mathrm{d}t} = \dfrac{u_1 p^n}{e_1} = \dfrac{1}{I_k}p^n \\[2mm] \varphi m\dfrac{\mathrm{d}v}{\mathrm{d}t} = Sp \\[2mm] \dfrac{\mathrm{d}l}{\mathrm{d}t} = v \\[2mm] Sp(l_\psi + l) = f\varpi\psi - \dfrac{\theta}{2}\varphi m v^2 \end{array}\right\} \qquad (5\text{-}14)$$

通过解弹道方程，可以得到膛压或弹丸速度和时间或弹丸行程的关系曲线 $P\text{-}t$、$v\text{-}t$、$P\text{-}l$ 和 $v\text{-}l$，以及弹丸行程和时间的关系曲线。

9. 火炮身管的后坐复进运动规律

火炮的身管在击发后会在火药气体反作用和反后坐装置的共同作用下，先后坐后复进，后坐复进规律也就是身管轴向运动规律，因此需要先通过火炮后坐复进运动分析确定身管的轴向运动规律[141]。

（1）后坐运动。

根据后坐部分受力分析（见图5-4），可得到炮身后坐的运动方程为

$$m_0 \frac{\mathrm{d}^2 x}{\mathrm{d}t^2} = P_{pt} - R \qquad (5\text{--}15)$$

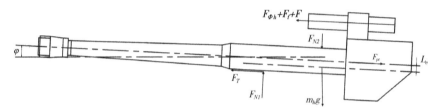

图 5-4　后坐部分受力分析

式中：P_{pt} 为炮膛合力；m_0 为后坐部分质量，包括炮身以及参加后坐的各部分的质量；x 为后坐位移；R 为后坐阻力，是阻止炮身后坐的总阻力，由驻退机液压阻力 $F_{\Phi h}$、复进机力 F_f、密封装置摩擦力 F、摇架摩擦力 F_T 和后坐部分重力在后坐方向上的分量 $Q_0 \sin \varphi$ 组成。

（2）复进运动。

要获得复进过程中身管的运动参数，需要进行复进反面问题计算。复进过程的后坐部分受力状态与惯性后坐期的受力类似，复进微分方程为

$$\frac{Q_0}{g} \frac{\mathrm{d}^2 \xi}{\mathrm{d}t^2} = \frac{Q_0}{g} \frac{\mathrm{d}U}{\mathrm{d}t} = \frac{Q_0}{g} \frac{\mathrm{d}U}{\mathrm{d}\xi} U = \frac{Q_0}{2g} \frac{\mathrm{d}U^2}{\mathrm{d}\xi} = P_{sh} - \phi_f \qquad (5\text{--}16)$$

式中：ξ 为复进位移，$\xi = \lambda - x$，λ 为后坐长，x 为后坐位移；U 为复进速度；P_{sh} 为复进剩余力；ϕ_f 为反后坐装置提供的液压阻力。

5.3 火炮发射时的身管振动模型

5.3.1 振动方程建立

火炮发射时的身管振动模型如图 5–5、图 5–6 所示。

根据前 3 章的分析可知，轴向运动梁的振动方程为[142–143]

$$(EIy'')''y' + \mu\left(2v\dot{y}' + v^2y''\right)y' - \rho A\,\dot{v} - \rho A\ddot{u} + EAy'y'' = \overline{P} \quad (5–17)$$

$$(EIy'')'' + \mu\left(\ddot{y} + 2v\dot{y}' + \dot{v}\,y' + v^2y''\right) - \frac{1}{2}EA(y')^3 - EAy''(y')^2 = P \quad (5–18)$$

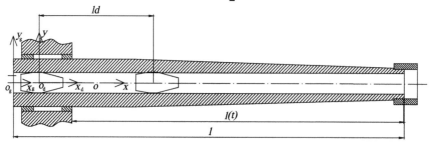

图 5–5 火炮发射时的身管振动模型

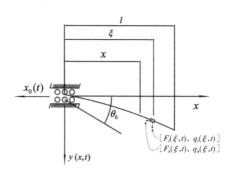

图 5–6 火炮发射时的身管简化模型

将 5.2 节得到的身管上的载荷以及式（5–11）、式（5–12）代入式（5–17）和式（5–18）得：

$$(EIy'')''y' + \mu\left(2v\dot{y}' + v^2y''\right)y' - \rho A\dot{v} - \rho A\ddot{u} + EAy'y'' =$$
$$\mu(x)g\sin\theta_0 - \mu(x)\ddot{x}_0(t) + m(\dot{v} + g\sin\theta_0) + M_f(\dot{v} + g\sin\theta_0)\,\delta(x - \xi) \quad (5–19)$$

$$(EIy'')'' + \mu\left(\ddot{y} + 2v\dot{y}' + \dot{v}y' + v^2 y''\right) - \frac{1}{2}EA(y')^3 - EAy''(y')^2 =$$
$$-\pi r_1^2 p(\xi,t)y''(x,t)H(x-\xi) - mR_s\dot{r}^2\sin(\dot{r}t) + M_f g\cos\theta_0\delta(x-x_f) -$$
$$m\left[\ddot{y}(x,t) + v^2 y''(x,t) + 2v\dot{y}'(x,t) + \dot{v}y'(x,t) - g\cos\theta_0\right]\delta(x-\xi) - \mu(x)g\cos\theta_0 \qquad（5-20）$$

5.3.2　方程求解

从方程（5-20）可以看出：右端外力函数不仅是自变量 x 和 t 的函数，还是待求函数 y 本身及其对 t 和 x 的各阶导数的函数。除此之外，它还含有间断函数 $H(x)$ 和脉冲函数 $\delta(x)$。若把右端函数中与 $\ddot{y}$、y'' 和 y 有关的项移到方程左端，这时待求函数 y 有关项的系数，不仅会与 t 和 x 有关，还含有广义函数 $H(x)$ 和 $\delta(x)$。若 $p(x,f)$ 是周期函数，方程则变为十分复杂的参数振动方程，不同于且难于一般工程梁的定解问题。

对于火炮身管的振动来说，横向振动是影响射击精度的主要因素，因此这里就只对横向振动方程来分析求解。仍然在第 4 章的基础上展开函数，设

$$y(x,t) = \sum_{i=1}^{\infty}\eta_i(t)\phi_i(\chi) \qquad（5-21）$$

将式（5-21）代入方程（5-19）和（5-20），然后两边同时乘以 $\phi_i(\chi)$，对 x 从 0 到 1（对 χ 从 0 到 1）积分，并按 $\eta_i(t)$ 整理就可得到方程的解。

此方程比前者多了一项 Bourdon 载荷 $\left(-\pi r_1^2 p(x,t)\phi''(x,t)H(x-\xi)\right)$，对应的模态力应该是 $-\pi r_1^2 p(\xi,t)\sum_{i=1}^{\infty}\eta_i(t)\int_0^{\xi}\phi_i''(x)\phi_j(x)\mathrm{d}x$。所以，最后得到的方程应该是

$$\sum_{i=1}^{\infty}\ddot{\eta}_i(t)\left[\int_0^1\mu(\chi)\phi_i(\chi)\phi_j(\chi)\mathrm{d}\chi + m\phi_i(\tfrac{\xi}{l})\phi_j(\tfrac{\xi}{l})\right] + \frac{1}{l^2}\int_0^1 EJ(\chi)\frac{\partial^2\phi_i(\chi)}{\partial\chi^2}\frac{\partial\phi_j(\chi)}{\partial\chi}\mathrm{d}\chi -$$
$$\frac{2}{l}\sum_{i=1}^{\infty}\dot{\eta}_i(t)\int_0^1\mu(\chi)(i\chi+v)\frac{\partial\phi_i(\chi)}{\partial\chi}\phi_j(\chi)\mathrm{d}\chi + \frac{2m}{l}\sum_{i=1}^{\infty}\dot{\eta}_i(t)\left(-\frac{\xi i}{l}+v\right)\frac{\partial\phi_i(\tfrac{\xi}{l})}{\partial\chi}\phi_j(\tfrac{\xi}{l}) +$$
$$\frac{1}{l^2}\sum_{i=1}^{\infty}\eta_i(t)\int_0^1\left[\left(-\ddot{i}+2i^2\right)\chi - 2vi + l\dot{v}\right]\mu(\chi)\frac{\partial\phi_i(\chi)}{\partial\chi}\phi_j(\chi)\mathrm{d}\chi -$$
$$\frac{m}{l^2}\sum_{i=1}^{\infty}\eta_i(t)\left[\left(\ddot{i}-2i^2\right)\frac{\xi}{l}\chi + 2vi + l\dot{v}\right]\frac{\partial\phi_i(\tfrac{\xi}{l})}{\partial\chi}\phi_j(\tfrac{\xi}{l}) +$$

$$\frac{1}{l^2}\sum_{i=1}^{\infty}\eta_i(t)\int_0^1\left(i^2\chi^2-2vi\chi+v^2\right)\mu(\chi)\frac{\partial^2\phi_i(\chi)}{\partial\chi^2}\phi_j(\chi)\mathrm{d}\chi+$$

$$\sum_{i=1}^{\infty}\eta_i(t)\frac{m}{l^2}\left[i^2\left(\frac{\xi}{l}\right)^2-2vi\frac{\xi}{l}+v^2\right]\frac{\partial^2\phi_i(\frac{\xi}{l})}{\partial\chi^2}\phi_j(\frac{\xi}{l})+$$

$$\pi r_1^2 p(\xi,t)\sum_{i=1}^{\infty}\eta_i(t)\int_0^{\xi}\phi_i''(x)\phi_j(x)\mathrm{d}x=\frac{1}{2}\int_0^1 EA\left[\frac{1}{l}\sum_{i=1}^{\infty}\eta_i(t)\frac{\partial\phi_i(\chi)}{\partial\chi}\right]^3\phi_j(\chi)\mathrm{d}\chi+$$

$$\int_0^1 EA\frac{1}{l^2}\sum_{i=1}^{\infty}\eta_i(t)\frac{\partial^2\phi_i(\chi)}{\partial\chi^2}\left[\frac{1}{l}\sum_{i=1}^{\infty}\eta_i(t)\frac{\partial\phi_i(\chi)}{\partial\chi}\right]^2\phi_j(\chi)\mathrm{d}\chi-mg\cos\theta_0\phi_j(\frac{\xi}{l})-$$

$$g\cos\theta_0\int_0^1\mu(x)\phi_j(\chi)\mathrm{d}x-m_f g\cos\theta_0\phi_j(\frac{x_f}{l})-mR_s\omega_m^2\sin(\omega_m t)\phi_i(\xi) \qquad (5\text{-}22)$$

添加比例阻尼后，可得到矩阵形式的方程：

$$[M(t)]\{\ddot{\eta}(t)\}+[C(t)]\{\dot{\eta}(t)\}+[K(t)]\{\eta(t)\}=\{Q(t)\} \qquad (5\text{-}23)$$

其中

$$M(t)=\int_0^1\mu(x)\boldsymbol{\phi}(\chi)\boldsymbol{\phi}^{\mathrm{T}}(\chi)\mathrm{d}\chi+m\boldsymbol{\phi}(\frac{\xi}{l})\boldsymbol{\phi}^{\mathrm{T}}(\frac{\xi}{l}) \qquad (5\text{-}24)$$

$$C(t)=\mathrm{diag}(2\xi\omega)-\frac{2}{l}\int_0^1\mu(\chi)\left(i\chi+v\right)\boldsymbol{\phi}(\chi)\left[\frac{\partial\boldsymbol{\phi}(\chi)}{\partial\chi}\right]^{\mathrm{T}}\mathrm{d}\chi+$$

$$2m\left(\frac{v}{l}-\frac{\xi i}{l^2}\right)\phi(\frac{\xi}{l})\left[\frac{\partial\phi(\frac{\xi}{l})}{\partial\chi}\right]^{\mathrm{T}} \qquad (5\text{-}25)$$

$$K(t)=\frac{1}{l^2}\int_0^1 EJ(\chi)\frac{\partial^2\boldsymbol{\phi}(\chi)}{\partial\chi^2}\left[\frac{\partial^2\boldsymbol{\phi}(\chi)}{\partial\chi^2}\right]^{\mathrm{T}}\mathrm{d}\chi+\pi r_1^2 p(\xi,t)\sum_{i=1}^{\infty}\eta_i(t)\int_0^{\xi}\phi_i''(x)\phi_j(x)\mathrm{d}x+$$

$$\frac{1}{l^2}\int_0^1\left[\left(-l\ddot{i}+2i^2\right)\chi-2vi+l\dot{v}\right]\mu(\chi)\boldsymbol{\phi}(\chi)\left[\frac{\partial\boldsymbol{\phi}(\chi)}{\partial\chi}\right]^{\mathrm{T}}\mathrm{d}\chi-$$

$$\frac{m}{l^2}\left[\left(l\ddot{i}-2i^2\right)\frac{\xi}{l}+2vi+l\dot{v}\right]\phi(\frac{\xi}{l})\left[\frac{\partial\phi(\frac{\xi}{l})}{\partial\chi}\right]^{\mathrm{T}}+$$

$$\frac{1}{l^2}\int_0^1\left(i^2\chi^2-2vi\chi+v^2\right)\mu(\chi)\boldsymbol{\phi}(\chi)\left[\frac{\partial^2\boldsymbol{\phi}(\chi)}{\partial\chi^2}\right]^{\mathrm{T}}\mathrm{d}\chi+$$

$$\frac{m}{l^2}\left[i^2\left(\frac{\xi}{l}\right)^2-2vi\frac{\xi}{l}+v^2\right]\phi(\frac{\xi}{l})\left[\frac{\partial\boldsymbol{\phi}^2(\frac{\xi}{l})}{\partial\chi^2}\right]^{\mathrm{T}} \qquad (5\text{-}26)$$

$$Q(t) = \frac{1}{2}\int_0^1 EA\phi(\chi)\left\{\left[\frac{1}{l}\sum_{i=1}^{\infty}\eta_i(t)\frac{\partial\phi_i(\chi)}{\partial\chi}\right]^3\right\}^{\mathrm{T}}\mathrm{d}\chi - g\cos\theta_0\int_0^l \mu(x)\phi(\chi)\mathrm{d}x +$$

$$\int_0^1 EA\frac{1}{l^2}\phi(\chi)\left\{\sum_{i=1}^{\infty}\eta_i(t)\frac{\partial^2\phi_i(\chi)}{\partial\chi^2}\cdot\left[\frac{1}{l}\sum_{i=1}^{\infty}\eta_i(t)\frac{\partial\phi_i(\chi)}{\partial\chi}\right]^2\right\}^{\mathrm{T}}\mathrm{d}\chi -$$

$$mR_s\omega_m^2\sin(\omega_m t)\boldsymbol{\phi}(\xi) - mg\cos\theta_0\,\boldsymbol{\phi}(\xi/l) - m_f g\cos\theta_0\phi_j(x_f/l) \quad （5-27）$$

5.4　火炮射击时的身管横向振动仿真

5.4.1　数值仿真

以某火炮身管为研究对象，主要已知参数[144]如下。

身管长 4.11 m，内径 0.058 m，外径 0.067 ~ 0.167 m，弹丸质量 2.8 kg，最大膛压 313.9 MPa，炮口初速 1 000 m/s，后坐长 0.349 m，后坐时间 0.08 s，复进时间 0.141 5 s。经内弹道计算和后坐复进分析可得到具体数据如图 5-7 ~ 图 5-14 所示[137]。

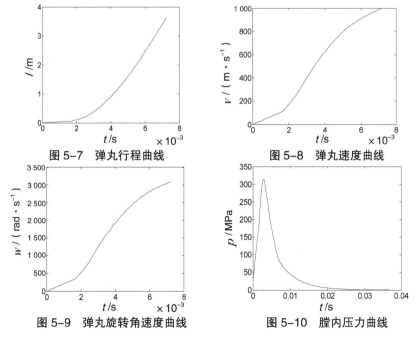

图 5-7　弹丸行程曲线　　　　　　图 5-8　弹丸速度曲线

图 5-9　弹丸旋转角速度曲线　　　　图 5-10　膛内压力曲线

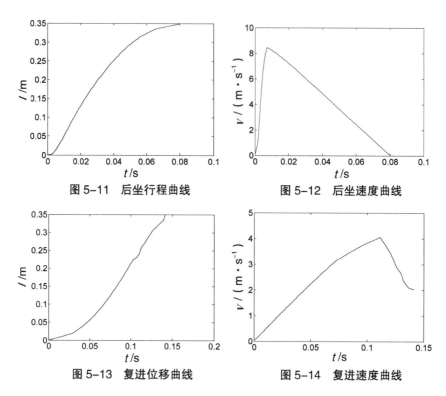

图 5-11　后坐行程曲线　　　　　　图 5-12　后坐速度曲线

图 5-13　复进位移曲线　　　　　　图 5-14　复进速度曲线

然后根据已知数据进行数值仿真,仿真结果如图 5-15 ～图 5-26 所示。

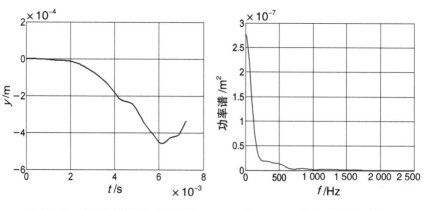

图 5-15　膛内时期炮口横向振
动位移曲线　　　　　　　　　

图 5-16　膛内时期炮口横向振动
功率谱曲线

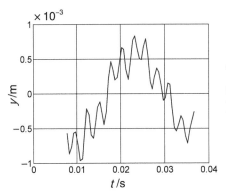

图 5-17　后效期炮口横向振动位移曲线

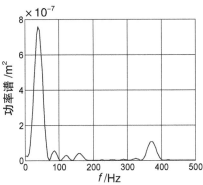

图 5-18　后效期炮口横向振动功率谱曲线

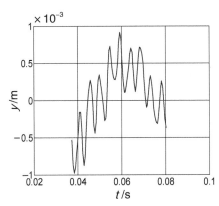

图 5-19　惯性后坐期炮口横向振动位移曲线

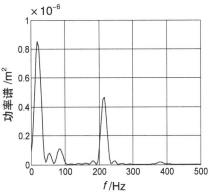

图 5-20　惯性后坐期炮口横向振动功率谱曲线

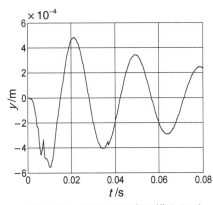

图 5-21　后坐过程炮口横向振动位移曲线

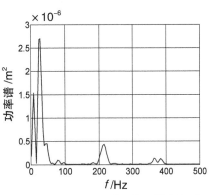

图 5-22　后坐过程炮口横向振动功率谱曲线

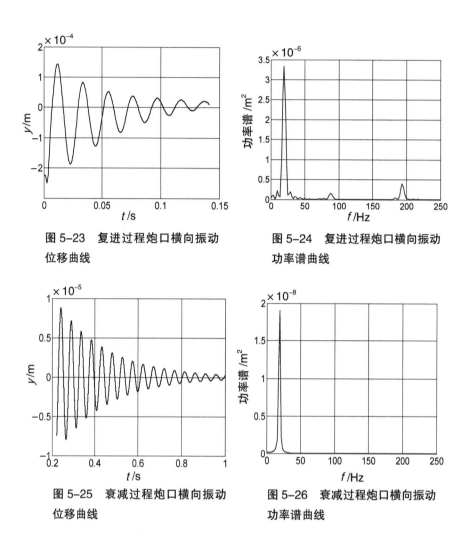

图 5-23　复进过程炮口横向振动　　　　图 5-24　复进过程炮口横向振动
位移曲线　　　　　　　　　　　　功率谱曲线

图 5-25　衰减过程炮口横向振动　　　　图 5-26　衰减过程炮口横向振动
位移曲线　　　　　　　　　　　　功率谱曲线

5.4.2　火炮发射时身管振动特性和参数影响分析

根据以上仿真结果可知：

（1）在整个发射过程中，膛内时期的身管振动相对复杂，表现出一定的非线性特性，原因是在膛内时期身管受到弹丸直线运动和旋转运动的冲击作用，身管的后坐加速轴向运动、火药气体引起的 Bourdon 载荷的共同作用，而且结构和载荷都是时变的。

（2）在膛内时期初期，炮口的振荡不大，只是偏向一个方向运动，随着弹丸的运动速度增大开始振荡，这是由弹丸的旋转运动引起的。到接近炮口位置突然出现一个很大的振荡，位移、速度、加速度都发生了剧变，原因应该是弹丸的运动与身管的轴向运动发生了耦合作用。

（3）在后效期阶段，弹丸的作用消失，但火药气体的作用仍然存在，而此时的膛压规律更加复杂，呈非线性衰减趋势，因而在 Bourdon 载荷这一非线性载荷作用下，身管振荡继续表现出非线性特性。

（4）在惯性后坐阶段，外载荷已经不存在，身管只在系统本身内部阻力作用下惯性减速后坐，此时的轴向运动速度也逐渐减小，系统的非线性特性逐渐消失，呈现线性特征。

（5）在复进阶段，由于轴向运动速度比较小，炮口振荡仍然呈衰减趋势。在第一阶段——真空消失点以前，由于此时的复进加速度较大，因而使得梁的振动幅度也较大，速度和加速度也很大且发生突变，表现为线性振动的特征。

（6）复进停止后的自由衰减过程就完全是线性的了，振动幅度也很小，很快就到达平衡位置。

（7）火炮身管振动主要为低频振动，特别是第一阶振动占主导地位，把第一阶振动抑制下来，整体振动便可得到有效控制。

总之，后坐过程的膛内时期、后效时期为非线性特性段，受到弹丸运动、身管运动、火药气体作用的共同影响，在炮口段易出现振动加剧的现象，而此时正是影响弹丸出炮口的姿态乃至射击精度的关键时期，在设计时应该重视，尽量避开此点；复进的前期也有一定的非线性特性，其余阶段基本上可按线性振动处理。

5.5 小 结

本章在前几章的基础上，在详细分析了火炮身管运动特性和所受载荷后，建立了比较完善的描述陆上射击时火炮身管振动的数学模型，将弹丸与身管的耦合作用、火药气体作用、身管的后坐复进运动，特别是身管悬臂长度变化对振动模态的影响考虑进去，并利用前文提出的考虑梁长时变特性影响的基础展开函数进行了求解，通过数值仿真对其振动特性特别是可能引起振动加剧的结构和运动参数进行了分析，为进行火炮射击动力学仿真和射击精度分析，以及控制炮口振动、提高火炮射击精度奠定了基础，也为进行水上射击时身管振动分析与控制作了铺垫。通过数值仿真结果分析得出以下结论：

（1）火炮陆上射击时，属于时变的结构受到高冲击时变载荷的一个双时变系统，其振动问题是一个复杂的非线性问题，受到弹丸的质量、质量偏心距、轴向运动速度以及身管尺寸、膛线参数和后坐复进速度的影响。

（2）弹丸在接近炮口的前一段时期容易出现较大的振动幅值，对射击精度不利，要充分重视。

（3）在膛内时期、后效期和复进初始阶段身管振动的非线性特性比较强，进行身管振动分析时必须考虑其非线性因素；在其他时期不太明显，可以按先行处理。

（4）火炮身管振动主要为低频振动，特别是第一阶振动占主导地位。

（5）在进行火炮总体设计时，在尽量保证战技要求的前提下，应对身管结构尺寸、弹丸膛内速度、膛线的缠角等火炮参数进行合理配置，将反后坐装置设计、炮身设计和内弹道设计结合起来同时进行，甚至在确定战技指标时就要考虑这一问题，以免造成炮口扰动过大而影响射击精度。

|第6章|

陆上射击时火炮身管振动主动控制和实验研究

6.1 结构振动控制方法简介

随着现代工业技术的高速发展，工程结构（如大型机械、高层建筑等）日益大型化、复杂化。在机械领域中，机电一体化产品大量涌现，其内部结构越来越向小型化、精确化、智能化发展，这些产品都对结构的动态特性提出了越来越高的要求。如航天结构要求高可靠性，能够承受大载荷，而自身结构又要求非常轻；在计算机中，要求各种磁盘驱动器有越来越高的转速，而自身又要求越来越精密、轻巧；一些常规武器如火炮等结构的柔性大，固有频率低，模态密集，模态耦合程度高，结构阻尼小，如不采取措施对其振动进行控制，当其运行时，一旦受到某种外激励的作用，将会产生强烈的振动，不仅会影响结构的正常工作，或导致安装在结构上的仪器损坏，还会使结构产生过早的疲劳破坏，影响结构的使用寿命。所有这些都要求系统必须具有良好的抗振性能，这使结构振动研究领域产生了新的课题。

传统的机械结构振动控制理论和技术可分为被动控制（Passive Vibration Control，PVC）和主动控制（Active Vibration Control，AVC）两大类。被动控制有较长的研究历史，并且在工程结构中已得到广泛的应用，如各种阻尼器、减振器、动力吸振器等经典的减振隔振措施。被动控制的主要优点是：易实现，成本低，不需外部能源，结构相对简单，具有较高的安全性、可靠性及稳定性。但面对现代工业所提出来的越来越苛刻的技术要求，被动控制也暴露出其特有的不足，如其对低频或低阶模态控制不佳，以及对环境的应变能力较差，在应用时要么控制效果不理想，要么结构笨重，以致不能适应新技术的要求。

相对被动控制而言，主动控制的概念新颖，具有诱人的研究与应用前景。主动控制通过装在结构上特定位置的传感器在线测量，将信号分析处理，再通过作动器将力或力矩输入到结构系统上，从而改变原结构系统的特性，来抑制结构的振动。主动控制的优点是易实现振动控制的优化设计（包括空间布置及控制率），可控性好，具有较大的设计灵活性。一个设计良好的控制系统能够较好地适应环境的变化，具有一定的智能性。

如果说现代控制理论为我们的研究打好了理论基础，那么微电子技术、计算机技术及材料科学的发展则为结构振动控制的实现打下了很好的硬件基础，它们的发展使得结构振动控制也逐步向智能结构方向发展。

压电效应是材料的一种弹性场和电场的机电耦合现象。压电效应于1880年首先由 Curie P. 和 Curie J. 兄弟发现。一般来说，压电材料受到机械力的作用，产生电荷电压，被称为正压电效应（Direct Piezoelectric Effective）。相反，电荷电压施加在压电材料上产生机械应力或应变，被称为逆压电效应（Converse Piezoelectric Effective）。正压电效应是压电材料用于测量和传感的基础，逆压电效应是压电材料用于作动和控制的基础。随着压电学的进一步发展，现在已经可以人工合成一些高性能的压电材料，使得压电材料在结构控制、通信、水声学和物理声学等领域获得广泛应用。

1987 年，Crawley 和 De Luis 将压电片直接附加在结构上作为作动器，用于结构的控制，并在这方面发表了具有开创意义的文章，此后，压电材料的力学行为以及在工程应用方面的研究受到越来越多的研究者的重视。力学范围的研究包括以压电材料作为驱动和传感的基本构件进行分析，如梁和板、壳，变形控制，损伤检测，噪声控制，振动控制，特别是振动控制和噪声控制是压电材料应用的最主要的两个方面。由于压电材料的良好特性，被用于结构控制的作动器和传感器，其具有质量小、结构简单、频带宽等优点，对于结构振动的主动控制的发展起到了很大的推动作用。

结构振动的控制效果极大地依赖控制系统的传感器、作动器的性能以及所消耗的能量。在主动控制技术中，主动控制器件要消耗能量，在火炮结构中，由于特殊的使用环境，其化学能源有限，可以长期使用的能源是电能。因此对于这种结构的振动控制，要求控制器件仅使用电能，且要求控制器件的可靠性高、附加质量小、耗能低。用压电材料制备的作动器能较好地满足这些要求。本研究应用一种新型的压电作动器（柱形弯曲书本式压电作动器）对火炮结构进行主动控制，这种作动器可以在较低电压下产生较大的作动力，因此可以在容许的低电压下对结构进行有效的振动控制。

具体地说，就是用多层压电片整齐地叠粘在一起，共同组成一个压电层控制器，然后将其附加在火炮炮管的某一区域。考虑到系统的可靠性和完整性，一般只贴 1 ～ 5 层压电片。如果在每块压电片上加相同的电压，则每层都有相同方向和大小的激励产生。该系统作为一个统一的弹性体，可以应用弹性力学和振动学的相关知识导出系统控制方程。

对于被控构件为梁的二维问题，我们能导出系统横向和纵向的两个控制微分方程。从而在控制方程的外力作用项中可以得到由压电层产生的作动力，作动器作用在梁纵向的作动力与作动器压电层的层数 n 成正比，而作用在梁上的弯矩是 n 的二次多项式，并与压电层的厚度成正比。我们更关心的是后者，这样我们就可以在较低电压条件下用较少的压电片数目达到很可观的控制效果，这也是本研究的关键所在。

由于单纯的主动控制也有着明显的缺点，如可靠性差，控制系统由于器件本身和外界干扰等原因一旦失效或产生偏差，整个系统就有可能失效甚至损坏，对突发性的振动控制效果不佳。此外，实施主动控制要消耗能量，这使得制造成本增加。针对主、被动振动控制各自的优缺点，我们还可以利用压电材料的逆压电效应，根据测量的结构振动信号进行反馈，以压电层的运动调节约束层的运动，对结构进行主被动一体化振动控制。

6.2 火炮身管振动主动控制方案

对于火炮身管振动控制，传统的方法主要还是被动控制，增加结构刚度，修改结构以避开共振频率，尽量减小作用在其上的载荷等，也有学者提出了在炮口安装吸振器的方法，但这些被动控制的方法毕竟有其缺陷，比如要增加结构刚度肯定会增加结构质量，控制的幅度不会太大等。与被动控制相比较而言，进行火炮身管振动主动控制甚至主、被动一体化控制才是最有效的方法。本书选择利用智能材料来进行火炮身管振动主动控制。

近年来，利用智能材料进行结构主、被动一体化振动控制成为研究热点。常用的智能材料有压电材料、光纤、形状记忆合金、电流变体、电致伸缩材料、磁致伸缩材料等，研究最多的是压电材料，它既能当作驱动元件，又能当作传感元件。在采用压电材料对结构实施振动控制时，多是利用压电片在面内的伸缩特性，将其粘贴在被控结构的某个位置。通过控制系统软、硬件，根据反馈信号的大小，控制施加在压电片上的电压，使其产生相应的变形来抑制结构的振动。常用的压电材料有压电陶瓷类〔如锆钛酸铅（Lead Zirconate Titanate，PZT）〕和压电薄膜类〔如聚偏二氟乙烯（Polyvinylidene Fluoride，PVDF）〕。压电陶瓷的优点是频响带宽大、容易建立计算机自动控制系统，且成本低廉、生产工艺比较成熟，有利于开发应用。本书采用压电陶瓷作为作动器的材料。

针对第5章提出的火炮身管振动模型，相应地也有3种振动主动控制方案：

针对第一种模型——柔性振动模型，采用在身管表面加作动器的方案（见图6-1），需要大作动力作动器，6.1节提出的叠层式压电作动器就是一个不错的选择。这里就选用该作动器，不过针对具体结构的尺寸，作动器的结构参数要作相应修改。

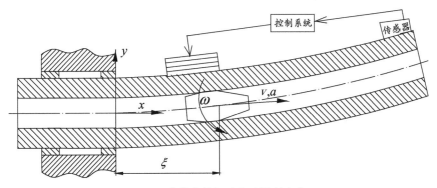

图6-1　火炮身管振动主动控制方案一

针对第二种模型——刚柔耦合模型，可在高低机或平衡机上做文章，但需要大位移作动器，如大作动力压电堆或磁流变作动器等，如图6-2所示。

也可以考虑双管齐下，既在身管表面加作动器，也在高低机、平衡机上加作动器，如图6-3所示，但这就存在二者耦合的问题。

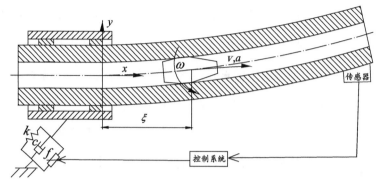

图 6-2　火炮身管振动主动控制方案二

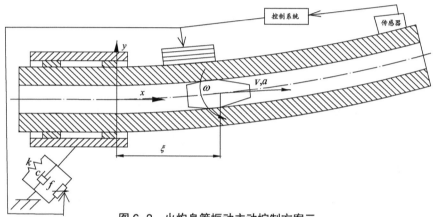

图 6-3　火炮身管振动主动控制方案三

这几种方案各有优缺点：

第一种方案，作动器不工作时不受力，不宜损坏，只需在外罩一个保护罩即可，但由于它是在运动件上粘贴的，电源的引入比较麻烦，可以采用电刷的形式，即通过作动器上的活动触头与在摇架上固定的固定触头接触而导电，要注意绝缘问题。

第二种方案，作动器不随身管运动，电源引入方便，但作动器即使不工作也要承受身管对它的压力，对作动器的强度要求高，像压电陶瓷这类易碎材料易损坏。

第三种方案除了具有以上两种方案的特点外，还可能出现耦合现象，也比较麻烦。

综合分析，再结合本章的模拟管振动控制理论仿真和实验，对在身管外附加作动器的方案的研究已经有了较好的基础，本章先采用第一种方案，后续再逐步对后两种方案进行研究。

6.3　火炮身管振动主动控制作动器

结构振动的控制效果极大地依赖于控制系统的传感器和作动器的性能以及所消耗的能量。在主动控制技术中，主动控制器件要消耗能量。

火炮射击时，身管受在膛内高压火药气体（几百兆帕、几十毫秒）及高速移动弹丸的冲击作用，并沿轴向做高速后坐复进运动，身管的振动结合了移动载荷作用下的梁的振动和轴向做运动梁的振动这两种结构的特点，受到的是高冲击载荷，振动能量较大。因此，在火炮结构中，由于其特殊的使用环境，要控制火炮射击时的振动具有较大的难度，对于这种结构的振动控制，要求控制器件的可靠性高、附加质量小、耗能低，因此，必须使用高效、大位移、高作动力作动器来实现。

压电作动器的工作原理是利用压电材料的逆压电效应，在外加电场作用下将产生一定的位移输出，通常基于多组压电片在力学上串联、电学上并联的设计思想，构成压电堆。压电材料具有良好的作动和传感能力以及工作频率宽、性能稳定等优点，成为应用最广泛的一种机敏材料。

压电元件既能当作智能结构中的驱动元件，又能作为传感元件。它具有压电效应，即当压电材料受到机械作用变形时，就会引起内部正负电荷中心发生相对位移而产生电的极化，从而导致元件两个表面出现符号相反的束缚电荷，而且电荷密度与外力成正比，这种现象称为正压电效应。正压电效应反映了压电材料具有将机械能转变为电能的能力。检测出压电元件上的电荷变化，即可得知元件或元件埋入处结构的变形量，由此利用正压电效应，可以将压电材料制成传感器元件。如果在压电元件两表面加上电压，由于电场的作用，压电元件内部正、负电荷中心产生相对位移，导致压电元件变形，这种现象称为逆压电效应。逆压电效应反映了压电材料具有将电能转变为机械能的能力。利用逆压电效应，可以将压电材料制成驱动元件，将压电元件埋入结构中，可以使结构变形或改变应力的状态。

压电效应是 Curie P 和 Curie J 于 1880 年发现的，当时仅限于压电单晶材料。19 世纪 40 年代中期，美国、俄国和日本各自独立发现了钛酸钡（BaTiO₃）陶瓷的压电效应，发展了极化处理法，通过在高温下施加强电场而使随机取向的晶粒出现高度同向，形成压电陶瓷。压电陶瓷与压电单晶相比具有很多的优点，如制备容易，可制成任意形状和极化方向的产品；耐热，耐湿，且通过改变化学成分可得到适用于各种目的的材料。20 世纪 50 年代中期，在研究氧八面体结构特征和离子置换的基础上，美国 Jaffe B 发现了 PZT 固体液，它的机电耦合系数、压电常数、机械品质因素、居里温度和稳定性等与钛酸钡陶瓷相比都有较大的改善，因此它一出现，就在压电应用领域逐步取代了钛酸钡陶瓷，并促进了新型压电材料和器件的发展。1965 年，日本的大内宏在 PZT 陶瓷中掺入铌镁酸铅，制成三元系压电陶瓷（Piezoelectric Ceramics，PCM），其性能更优越，并易于烧结。1970 年，Heartling G H 等研究出掺镧的锆钛酸铅（Lead Zirconate Titanate，PLZT）透明压电陶瓷，使压电陶瓷的应用扩展到电光领域。目前，研究者利用材料复合技术已研制出多种压电复合材料，它们的压电性能比单相压电陶瓷提高许多倍，并且发现了很多新的功能，扩大了压电材料的应用范围。

作动器,也称驱动器、执行元件(回转式作动器也称马达),它是利用电、流体等能量做功的机器，是构成机电控制的重要元件。作动器广泛应用于驱动装置、位置控制装置、精密进给机构、机器人、激振器等方面。作动器有传统作动器和新型作动器。目前实用的、有代表性的传统作动器有电气式、液压式、气动式。液压式作动器主要用于大功率、高精度的控制中；气动式作动器主要用在小功率、无污染的生产自动化系统中；电气式作动器是使用最广泛的作动器。近年来，在提高传统作动器性能的同时，不少全新驱动概念的作动器，诸如压电作动器、形状记忆合金作动器也陆续被开发出来，各种新型作动器大都是利用新材料研发而成的，其中有些已经实用化。

有研究者选用压电陶瓷材料研制作动器，为了实现低驱动电压、高位移增益的设计目的，在经过仔细分析和实验的基础上应用一种新型"书本式多层压电作动器"[145-148]。该作动器是将多个结构尺寸、材料参数相同的压电片层叠粘在一起，在每个压电片上施加相同的电压，使每层压电片的变形伸缩方向一致，如图 6-4 所示。使用时将它粘贴在被控结构上，在外加电场的作用下，使其变形并带动结构变形。

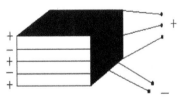

（a）书本式多层压电作动器的　　　　（b）书本式多层压电作动器的
　　　　原理　　　　　　　　　　　　　　　实际结构

图 6-4　压电作动器结构

6.4　压电作动器控制方程

火炮身管可被看作一根悬臂梁，根据文献 [6]，由压电方程、层合板理论和结构的基本本构关系推导出系统的控制微分方程为

$$\rho A u_{tt} - \left[E_b A_b + b\left(E_v A + E_p \overline{A}\right) R(x) \right] u_{xx} + \frac{b}{2}\left(E_v B + E_p \overline{B}\right) R(x) w_{xxx} = \overline{p} - f_u \quad (6\text{-}1)$$

$$\rho A w_{tt} - \frac{b}{2}\left(E_v B + E_p \overline{B}\right) R(x) u_{xxx} + \left[E_b J_b + \frac{b}{3}\left(E_v C + E_p \overline{C}\right) R(x) \right] w_{xxxx} = p + m_x - f_w \quad (6\text{-}2)$$

式中：f_u、f_w 为纵向和横向作动力，即

$$\begin{Bmatrix} f_u \\ f_v \end{Bmatrix} = \begin{Bmatrix} be_{31} n v R'(x) \\ \frac{b}{2} e_{31}\left[n^2\left(t_v + t_p\right) + n(t_v + 2r_1) \right] t_p v R''(x) \end{Bmatrix} \quad (6\text{-}3)$$

式中：E_p、t_p 和 b 分别为压电层的弹性模量、厚度和宽度，e_{31} 是压电材料的压电应力常数；E_b、t_p 和 b 分别为梁的弹性模量、厚度和宽度；E_v、t_v 和 b 分别为粘接层的弹性模量、厚度和宽度。

$R(x)$ 为 Heaviside 函数，用以表示作动器的位置。设 x_1 为作动器的左端点坐标，x_2 为作动器的右端点坐标，$H(x)$ 为阶跃函数，则

$$R(x) = H(x - x_1) - H(x - x_2) \quad (6\text{-}4)$$

设振型函数为 $U_i(x)$，$W_i(x)$，$i = 1,2,\cdots,n$，则响应可近似表示为

$$u(x,t) = \sum_{i=1}^{N} U_i(x)\eta_i(t) \quad (6\text{-}5)$$

$$w(x,t) = \sum_{i=1}^{N} W_i(x)\xi_i(t) \quad (6\text{-}6)$$

离散后求解得到模态控制力为

$$f_{ua_i} = -\int_0^l U_i(x) f_u dx = -be_{31} n v \left[U_i(x_1) - U_i(x_2) \right] \quad (6\text{-}7)$$

$$f_{wa_i} = -\int_0^l W_i(x) f_w dx = -\frac{b}{2} e_{31} v \left[n^2\left(t_v + t_p\right) + n(t_v + 2r_1) \right] t_p \left[W_i'(x_2) - W_i'(x_1) \right] \quad (6\text{-}8)$$

式中：f_{ua_i} 表示作动力产生的第 i 阶轴向模态控制力；f_{wa_i} 表示作动

力产生的第 i 阶弯曲模态控制力，大小与作动器两端的转角差成正比，对梁的弯曲变形起主要作用。

6.5　火炮身管振动主动控制系统建模和仿真

6.5.1　身管振动主动控制模型的建立

考虑反馈控制问题，可以采用位移反馈、速度反馈或加速度反馈来控制。简单起见，先采用比例控制来控制，因此，对应以上三种反馈控制方式，设作动器上所加的控制电压为

$$V_y = -k_y y \tag{6-9}$$

$$V_v = -k_v \dot{y} \tag{6-10}$$

$$V_a = -k_a \ddot{y} \tag{6-11}$$

下面推导位移反馈控制方程。将第 5 章所建立的振动方程式（5-22）与第 6 章得到的作动器作动力结合起来就可得到：

$$
\begin{aligned}
&(EIy'')'' + \mu\left(\ddot{y} + 2v\dot{y}' + \dot{v}y' + v^2 y''\right) - \frac{1}{2}EA(y')^3 - EAy''(y')^2 = \\
&-\pi r_1^2 p(\xi,t)y''(x,t)H(x-\xi) - mR_s \dot{r}^2 \sin(\dot{r}t) + M_f g\cos\theta_0 \delta(x-\xi) - \\
&m\left[\ddot{y}(x,t) + v^2 y''(x,t) + 2v\dot{y}'(x,t) + \dot{v}y'(x,t) - g\cos\theta_0\right] - \mu(x)g\cos\theta_0 + \\
&(-k_y y)\frac{b}{2}e_{31}\left[n^2\left(t_v+t_p\right) + n\left(t_v+2r_1\right)\right]t_p R''(x)
\end{aligned}
\tag{6-12}
$$

式中：$(-k_y y)\frac{b}{2}e_{31}\left[n^2\left(t_v+t_p\right)+n\left(t_v+2r_1\right)\right]t_p R''(x)$ 为作动力项，从式（6-12）中可以看出，作动力随压电堆层数的增多和压电片长度、厚度的增加而增大。

仍然利用第 5 章假设的模态来进行变量分离，设

$$y(x,t) = \sum_{i=1}^{\infty} \eta_i(t)\phi_i(\chi) \tag{6-13}$$

$$\chi = x\big/l \tag{6-14}$$

将式（6-13）代入方程（6-12），然后两边同时乘以 $\phi_i(\chi)$，对 x 从 0 到 1（对 χ 从 0 到 1）积分，并按 $\eta_i(t)$ 整理就可得到：

$$\sum_{i=1}^{\infty} \ddot{\eta}_i(t)\left[\int_0^1 \mu(\chi)\phi_i(\chi)\phi_j(\chi)\mathrm{d}\chi + m\phi_i\!\left(\tfrac{\xi}{l}\right)\phi_j\!\left(\tfrac{\xi}{l}\right)\right] + \frac{1}{l^2}\int_0^1 EJ(\chi)\frac{\partial^2 \phi_i(\chi)}{\partial \chi^2}\frac{\partial \phi_j(\chi)}{\partial \chi}\mathrm{d}\chi +$$

$$\pi r_1^2 p(\xi,t)\sum_{i=1}^{\infty} \eta_i(t)\int_0^{\xi}\phi_i''(x)\phi_j(x)\mathrm{d}x - \frac{2}{l}\sum_{i=1}^{\infty}\dot{\eta}_i(t)\int_0^1 \mu(\chi)\left(i\chi+v\right)\frac{\partial \phi_i(\chi)}{\partial \chi}\phi_j(\chi)\mathrm{d}\chi$$

$$\frac{1}{l^2}\sum_{i=1}^{\infty}\eta_i(t)\int_0^1\left[\left(-l\ddot{i}+2\dot{i}^2\right)\chi - 2v\dot{i} + l\dot{v}\right]\mu(\chi)\frac{\partial \phi_i(\chi)}{\partial \chi}\phi_i(\chi)\mathrm{d}\chi -$$

$$\frac{m}{l^2}\sum_{i=1}^{\infty}\eta_i(t)\left[\left(l\ddot{i}-2\dot{i}^2\right)\tfrac{\xi}{l}\chi + 2v\dot{i} + l\dot{v}\right]\frac{\partial \phi_i\!\left(\tfrac{\xi}{l}\right)}{\partial \chi}\phi_j\!\left(\tfrac{\xi}{l}\right) +$$

$$\frac{1}{l^2}\sum_{i=1}^{\infty}\eta_i(t)\int_0^1\left(\dot{i}^2\chi^2 - 2v\dot{i}\chi + v^2\right)\mu(\chi)\frac{\partial^2 \phi_i(\chi)}{\partial \chi^2}\phi_j(\chi)\mathrm{d}\chi +$$

$$\sum_{i=1}^{\infty}\eta_i(t)\frac{m}{l^2}\left[\dot{i}^2\left(\tfrac{\xi}{l}\right)^2 - 2v\dot{i}\tfrac{\xi}{l} + v^2\right]\frac{\partial^2 \phi_i\!\left(\tfrac{\xi}{l}\right)}{\partial \chi^2}\phi_j\!\left(\tfrac{\xi}{l}\right) +$$

$$\frac{2m}{l}\sum_{i=1}^{\infty}\dot{\eta}_i(t)\left(-\frac{\xi \dot{i}}{l}+v\right)\frac{\partial \phi_i\!\left(\tfrac{\xi}{l}\right)}{\partial \chi}\phi_j\!\left(\tfrac{\xi}{l}\right) =$$

$$-g\cos\theta_0\int_0^1 \mu(\chi)\phi_j(\chi)\mathrm{d}\chi + \frac{1}{2}\int_0^1 EA\left[\frac{1}{l}\sum_{i=1}^{\infty}\eta_i(t)\frac{\partial \phi_i(\chi)}{\partial \chi}\right]^3\phi_j(\chi)\mathrm{d}\chi +$$

$$\int_0^1 EA\frac{1}{l^2}\sum_{i=1}^{\infty}\eta_i(t)\frac{\partial^2 \phi_i(\chi)}{\partial \chi^2}\left[\frac{1}{l}\sum_{i=1}^{\infty}\eta_i(t)\frac{\partial \phi_i(\chi)}{\partial \chi}\right]^2\phi_j(\chi)\mathrm{d}\chi - mg\cos\theta_0\phi_j\!\left(\tfrac{\xi}{l}\right) -$$

$$\frac{b}{2}e_{31}k_y\left[n^2\left(t_v+t_p\right) + n\left(t_v+2r_1\right)\right]t_p\sum_{i=1}^{\infty}\eta_i(t)\left\{\left[\phi_i(x_2)\phi_j(x_2)\right]' - \left[\phi_i(x_1)\phi_j(x_1)\right]'\right\} \tag{6-15}$$

添加比例阻尼后可得到矩阵形式的方程：

$$\left[M(t)\right]\{\ddot{\eta}(t)\} + \left[C(t)\right]\{\dot{\eta}(t)\} + \left[K(t)\right]\{\eta(t)\} = \{Q(t)\} - \{Q_{zd}(t)\} \tag{6-16}$$

其中

$$M(t) = \int_0^1 \mu(x)\phi(\chi)\phi^{\mathrm{T}}(\chi)\mathrm{d}\chi + m\phi\!\left(\tfrac{\xi}{l}\right)\phi^{\mathrm{T}}\!\left(\tfrac{\xi}{l}\right) \tag{6-17}$$

$$C(t) = \mathrm{diag}(2\xi\omega) - \frac{2}{l}\int_0^1 \mu(\chi)\left(\dot{i}\chi + V\right)\boldsymbol{\phi}(\chi)\left[\frac{\partial\boldsymbol{\phi}(\chi)}{\partial\chi}\right]^{\mathrm{T}}\mathrm{d}\chi +$$

$$2m\left(\frac{V}{l} - \frac{\xi\dot{i}}{l^2}\right)\boldsymbol{\phi}\left(\frac{\xi}{l}\right)\left[\frac{\partial\boldsymbol{\phi}(\frac{\xi}{l})}{\partial\chi}\right]^{\mathrm{T}} \qquad （6-18）$$

$$K(t) = \frac{1}{l^2}\int_0^1 EJ(\chi)\frac{\partial^2\boldsymbol{\phi}(\chi)}{\partial\chi^2}\left[\frac{\partial^2\boldsymbol{\phi}(\chi)}{\partial\chi^2}\right]^{\mathrm{T}}\mathrm{d}\chi + \pi r_1^2 p(\xi,t)\sum_{i=1}^{\infty}\eta_i(t)\int_0^{\xi}\phi_i''(x)\phi_j(x)\mathrm{d}x +$$

$$\frac{1}{l^2}\int_0^1\left[\left(-l\ddot{i} + 2\dot{i}^2\right)\chi - 2V\dot{i} + l\dot{V}\right]\mu(\chi)\boldsymbol{\phi}(\chi)\left[\frac{\partial\boldsymbol{\phi}(\chi)}{\partial\chi}\right]^{\mathrm{T}}\mathrm{d}\chi -$$

$$\frac{m}{l^2}\left[\left(\ddot{i} - 2\dot{i}^2\right)\frac{\xi}{l} + 2V\dot{i} + l\dot{V}\right]\boldsymbol{\phi}\left(\frac{\xi}{l}\right)\left[\frac{\partial\boldsymbol{\phi}(\frac{\xi}{l})}{\partial\chi}\right]^{\mathrm{T}} +$$

$$\frac{1}{l^2}\int_0^1\left(\dot{i}^2\chi^2 - 2V\dot{i}\chi + V^2\right)\mu(\chi)\ (\chi)\left[\frac{\partial^2\boldsymbol{\phi}(\chi)}{\partial\chi^2}\right]^{\mathrm{T}}\mathrm{d}\chi +$$

$$\frac{m}{l^2}\left[\dot{i}^2\left(\frac{\xi}{l}\right)^2 - 2V\dot{i}\frac{\xi}{l} + V^2\right]\boldsymbol{\phi}\left(\frac{\xi}{l}\right)\left[\frac{\partial\boldsymbol{\phi}^2(\frac{\xi}{l})}{\partial\chi^2}\right]^{\mathrm{T}} \qquad （6-19）$$

$$Q(t) = \frac{1}{2}\int_0^1 EA\boldsymbol{\phi}(\chi)\left\{\left[\frac{1}{l}\sum_{i=1}^{\infty}\eta_i(t)\frac{\partial\phi_i(\chi)}{\partial\chi}\right]^3\right\}^{\mathrm{T}}\mathrm{d}\chi - g\cos\theta_0\int_0^l\mu(\chi)\boldsymbol{\phi}(\chi)\mathrm{d}\chi +$$

$$\int_0^l EA\frac{1}{l^2}\boldsymbol{\phi}(\chi)\left\{\sum_{i=1}^{\infty}\eta_i(t)\frac{\partial^2\phi_i(\chi)}{\partial\chi^2}\cdot\left[\frac{1}{l}\sum_{i=1}^{\infty}\eta_i(t)\frac{\partial\phi_i(\chi)}{\partial\chi}\right]^2\right\}^{\mathrm{T}}\mathrm{d}\chi - mg\cos\theta_0\boldsymbol{\phi}\left(\frac{\xi}{l}\right) \qquad （6-20）$$

$$Q_{zd}(t) = -\frac{b}{2}e_{31}k_y\left[n^2\left(t_v + t_p\right) + n\left(t_v + 2r_1\right)\right]t_p\left[\boldsymbol{\phi}\left(\boldsymbol{\phi}'\right)^{\mathrm{T}} + \boldsymbol{\phi}'\boldsymbol{\phi}^{\mathrm{T}}\right]_{x_1}^{x_2} \qquad （6-21）$$

$Q_{zd}(t)$ 为作动力项。

用同样的方法可以推导出速度反馈和加速度反馈控制方程。

6.5.2　身管振动主动控制仿真

根据以上控制方程，本书以位移反馈为例，利用 MATLAB 语言编程进行仿真。仿真时所采用的身管模型与第 5 章相同。作动器一共四组，上下各两组，作动器参数如下。

压电片尺寸为 0.15 m × 0.05 m × 1 mm，层数为 15，最大电压为 200 V。

仿真结果如图 6-5 ～图 6-14 所示。

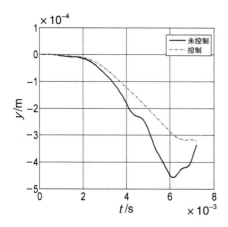

图6-5　膛内时期炮口横向振动控制位移曲线

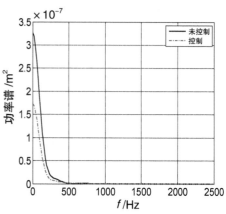

图6-6　膛内时期炮口横向振动控制功率谱曲线

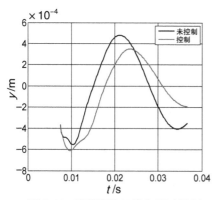

图6-7　后效期炮口横向振动控制位移曲线

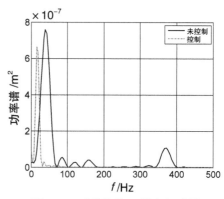

图6-8　后效期炮口横向振动控制功率谱曲线

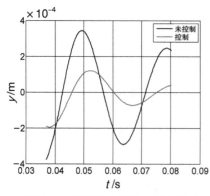

图6-9　惯性后坐期炮口横向振动控制位移曲线

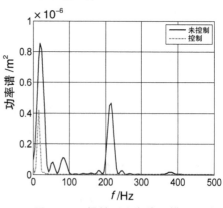

图6-10　惯性后坐期炮口横向振动控制功率谱曲线

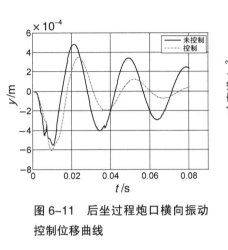

图 6-11　后坐过程炮口横向振动
控制位移曲线

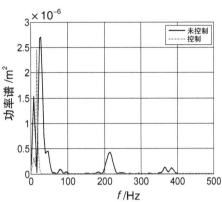

图 6-12　后坐过程炮口横向振动控
制功率谱曲线

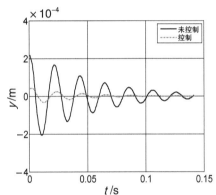

图 6-13　复进过程炮口横向振动
控制位移曲线

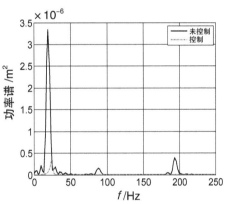

图 6-14　复进过程炮口横向振动控
制功率谱曲线

6.5.3　结果分析

对以上仿真结果进行分析可知：

（1）对于膛内时期的身管振动控制，成功地实现了对弹丸靠近炮口点
时刻所产生的巨大振荡的控制，效果比较明显，这一点十分重要，因为此
时是影响弹丸出炮口姿态乃至射击精度的关键时期。分析其原因，在振动

加速度这么大的情况下仍能控制，主要是对该时刻前的状态进行了控制，使得在该时刻身管不再像未控制时那样产生较大的共振，从而间接地抑制了大幅度振动。

（2）弹丸出炮口后的振动控制的目的主要是尽可能快地将振动抑制下来。从仿真结果来看，除了后效期外，都能够很好地抑制炮身管的振动。不过后效期抑制百分比也在30%以上，原因是此阶段本身振动能量较大，而且有非线性特性，单纯用比例控制还不够，对控制率进行进一步优化应该能取得好的效果。

（3）为了减小作动器对原身管的影响，在后续研究中，要设法减小作动器的体积；同时，由于施加的电压过大，对于火炮这种依靠火药能量工作的特殊机械来说是不利的，应通过提高作动器性能、减小所施加的电压、加强绝缘防护措施来实现振动控制。

（4）仿真结果也表明所提出的控制方案是可行的，在进一步改进后可以进行实验验证和工程化研究。

6.6 火炮身管振动主动控制实验

6.6.1 实验系统

为了验证压电智能材料在制式火炮身管上的振动控制效果，经综合分析后确定以某制式无后坐炮为研究对象，设计加工了一套该火炮振动主动控制试验装置。实验系统如图6-15所示。由于进行火炮实弹射击要求的实验条件比较复杂，而且需要时机合适时才能进行，本书中，先在实验室内进行实验，有条件的情况下再进行实弹射击实验。

图 6-15　火炮振动主动控制实验系统

6.6.2　实验方案和实验结果

实验中，采用了长 × 宽 × 厚为 140 mm × 30 mm × 1 mm 的压电片组成的作动器进行试验，并且对作动器结构也作了适当改进，使作动器的作动性能得以充分发挥，并提高了其可靠性。

由于实验室内无法做实弹射击，实验时通过激振器在身管中部进行激振，激振频率由模态实验获得，由信号发生器产生激振信号控制激振器进行激振。

作动器上下各一组，分别为 5 层和 7 层，布置在身管上下两面，位置在身管高低机支撑位置附近，火炮后部制动。

实验结果如图 6-16、图 6-17 所示。

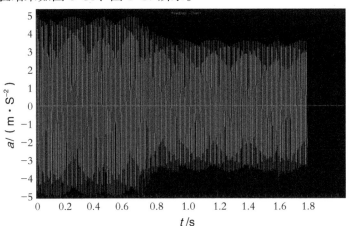

图 6-16　制式火炮振动智能控制跟部一组 5 层压电片控制曲线

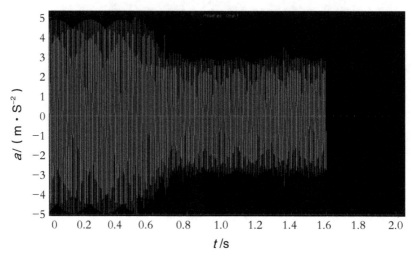

图 6-17　制式火炮振动智能控制跟部两组 7 层压电片控制曲线

从本次实验结果中可以得出以下结论：

（1）利用一组 5 层压电片，在施加 130 V 电压的情况下，炮口振动可从 5 m/s² 减小到 4.1 m/s²，减振效果为 18 %。

（2）利用两组 7 层压电片，在施加 100 V 电压的情况下，炮口振动可从 5 m/s² 减小到 2.9 m/s²，减振效果达到 42 %，减振效果明显。

（3）在实验过程中发现，利用两组作动器进行实验时，电压加到一定程度，信号就出现毛刺，再加大就出现反激现象，影响作动效果的进一步提高，这可能是由两组作动器的耦合引起的，这是今后值得深入研究的一个问题。

6.6.3　结论

通过制式火炮振动控制实验可以看出，应用智能结构进行火炮振动控制是可行的，对小口径火炮身管减振效果十分显著，对中口径火炮身管减振有效，可以进一步深入研究，并开展工程化应用和其他方面的研究。

6.7　小　　结

本章在第 5 章分析陆上射击时火炮身管振动特性的基础上，对其振动主动控制问题进行了研究。首先，提出了火炮身管振动主动控制方案，确定了作动器的类型和结构；其次，进行了理论建模和仿真；最后，在某制式火炮上进行了实验。

理论和实验结果表明：利用叠层式压电作动器成功地实现了对弹丸靠近炮口点时刻所产生的巨大振荡的控制，效果比较明显，这对减小炮口扰动、提高射击精度十分有利。弹丸出炮口后，除了后效期阶段外控制效果都比较好，原因是此阶段本身振动能量较大，而且有非线性特性，单纯用比例控制还不够，对控制率进行进一步优化应该能取得好的效果。所以，利用压电作动器进行火炮身管振动主动控制的方案是可行的，对于减小炮口振动、提高火炮射击精度、提高射速具有重要意义。若要提高控制效果、实现工程化应用还要在作动器结构优化、作动方式和控制算法上进行深入的研究。

| 第 7 章 |

两栖火炮水上射击时身管振动方程的
建立和振动特性研究

7.1　两栖火炮水上射击时的特点

两栖火炮在水上射击时除受到火药气体和弹丸对其的作用以及自身重力 G 外，还会受到水的浮力 B 和在各个方向上的水阻力 R，约束全炮的外力主要由水来提供，如图 7–1 所示。

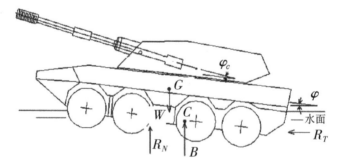

图 7–1　两栖火炮水上射击时的受力

水作为武器水上射击时的载体，两栖火炮在水上射击时依靠水阻力阻止全炮后退和下沉；陆上射击时，依靠地面对其的作用力阻止全炮后退，很明显水阻力要比地面的反作用力小得多。因此，两栖火炮水上射击时全炮的整体运动要比陆上射击时大得多，水上射击过程与陆上射击过程有很大不同，主要体现在：

（1）水上射击时，后坐力的水平分量由水阻力来抵消，水阻力是迫使车体停下来的主要作用力，而水阻力相对较小，因此车体的水平移动距离较大。

（2）水上射击时，特别是大射角射击时，后坐力的垂直分量由水的浮力来抵消，因此，车体下沉距离也较大，对于干舷不太大的两栖武器来说，这是比较危险的，应充分考虑射击的可能性。

（3）由于后坐部分后坐的同时，车体也在做大幅度的后坐运动，因此反后坐装置的运动规律类似于双重后坐，与陆上射击不同。

根据以上分析可知，两栖火炮水上射击时，全炮在后坐力作用下会在三个方向上分别产生纵移、横移和升沉三种平动，同时会发生纵摇、横摇和回转运动三种转动，这些运动比陆上射击时要大得多，对火炮身管振动和射击精度有很大的影响，因此，必须考虑这些运动对火炮身管振动的影响。在这些运动中，对于身管横向振动有影响的是升沉和纵摇运动，对身管纵向振动影响最大的是全炮的纵移。

因此，本章在前几章研究火炮陆上射击时身管振动的基础上，考虑全炮在水上射击时的垂荡和纵摇对身管振动的影响，建立起两栖火炮水上射击时身管横向振动方程，在数值仿真的基础上对两栖火炮身管的振动特性进行了分析。

7.2　两栖火炮水上射击时的身管横向振动方程建立

两栖火炮发射时身管振动模型如图 7-2 所示。图中，y_{sc} 为水上射击时车体的升沉位移，θ_{zy} 为车体纵摇角位移，其他部分与第五章图 5-1 相同。

因为身管纵向振动相对较小，对火炮射击精度影响不大，这里仍然主要考虑横向振动。根据第6章的分析，陆上射击时火炮身管的振动方程为：

$$(EIy'')'' + \mu\left(\ddot{y} + 2v\dot{y}' + \dot{v}y' + v^2 y''\right) - \frac{1}{2}EA(y')^3 - EAy''(y')^2 =$$
$$-\pi r_1^2 p(\xi,t)y''(x,t)H(x-\xi) - mR_s\dot{r}^2\sin(\dot{r}t) + M_f g\cos\theta_0\delta(x-x_f) -$$
$$m\left[\ddot{y} + v^2 y'' + 2v\dot{y}' + \dot{v}y' - g\cos\theta_0\right]\delta(x-\xi) - \mu(x)g\cos\theta_0 \tag{7-1}$$

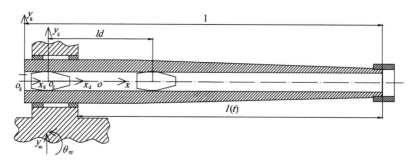

图 7-2　两栖火炮发射时的身管振动模型

7.2.1　全炮垂荡的影响

设全炮垂荡的位移、速度和加速度分别为 $z(t)$、$\dot{z}(t)$ 和 $\ddot{z}(t)$，若要考虑车体垂荡的影响，可以将身管任意位置 x 处的惯性力 $-\mu(x)\ddot{z}(t)$ 作为外力施加在相应位置即可，所以方程中右边增加一项 $-\mu(x)\ddot{z}(t)$。

7.2.2　全炮纵摇的影响

设全炮纵摇的角位移、角速度和角加速度分别为 $\theta(t)$、$\dot{\theta}(t)$ 和 $\ddot{\theta}(t)$，若要考虑全炮纵摇的影响，原振动方程有以下变化：

（1）由于全炮纵摇角位移的存在，因此将式（7-1）中右边的表示梁本身重力的 $-\mu(x)g\cos\theta_0$ 项改为 $-\mu(x)g\cos[\theta_0 + \theta(t)]$。

（2）由于全炮纵摇角位移的存在，身管任意位置 x 处除本身柔性导致的横向位移外，还会产生新的横向位移 $x\sin\theta(t)$。所以，方程应该做如下修改。

$$y(x,t) \longrightarrow Y(x,t) = y(x,t) + x\sin\theta(t)$$

$$\dot{y}(x,t) \longrightarrow \dot{Y}(x,t) = \dot{y}(x,t) + x\dot{\theta}(t)\cos\theta(t)$$

$$y'(x,t) \longrightarrow Y'(x,t) = y'(x,t) + \sin\theta(t)$$

$$\ddot{y}(x,t) \longrightarrow \ddot{Y}(x,t) = \ddot{y}(x,t) + x\ddot{\theta}(t)\cos\theta(t) - x\dot{\theta}^2(t)\sin\theta(t)$$

$$\dot{y}'(x,t) \longrightarrow \dot{Y}'(x,t) = \dot{y}'(x,t) + \dot{\theta}(t)\cos\theta(t)$$

$$y''(x,t) \longrightarrow Y''(x,t) = y''(x,t)$$

（3）由于全炮纵摇角加速度的存在，在身管 x 位置处会产生横向加速度 $x\ddot{\theta}(t)\sin\theta(t)$，因此身管在该处会产生新的惯性力 $\mu(x)x\ddot{\theta}(t)\cos\theta(t)$。

7.2.3　两栖火炮水上射击时身管横向振动方程

综上所述，考虑全炮垂荡和纵摇的两栖火炮水上发射时身管横向振动方程为

$$
\begin{aligned}
&(EIy'')'' + \mu\left(\ddot{y} + 2v\dot{y}' + \dot{v}y' + v^2 y''\right) - \frac{1}{2}EA(y')^3 - EAy''(y')^2 + \\
&\quad \mu x\left[\ddot{\theta}(t)\cos\theta(t) - \dot{\theta}^2(t)\sin\theta(t)\right] + \mu\left[2v\dot{\theta}(t)\cos\theta(t) + \dot{v}\sin\theta(t)\right] - \\
&\quad \frac{3}{2}EA(y')^2\sin\theta(t) - 2EAy''y'\sin\theta(t) = \\
&\quad -\pi r_1^2 p(\xi,t)y''(x,t)H(x-\xi) - m\left[\ddot{y} + v^2 y'' + 2v\dot{y}' + \dot{v}y' - g\cos\theta_0\right] - \\
&\quad m\left[x\ddot{\theta}(t)\cos\theta(t) - x\dot{\theta}^2(t)\sin\theta(t) + 2v\dot{\theta}(t)\cos\theta(t) + \dot{v}\sin\theta(t)\right]\delta(x-\xi) \\
&\quad -mR_s\dot{r}^2\sin(\dot{r}t)\delta(x-\xi) + M_f g\cos\theta_0\delta(x-x_f) - \mu(x)g\cos[\theta_0 + \theta(t)] - \mu(x)\ddot{z}(t) \quad (7\text{-}2)
\end{aligned}
$$

由于 $\theta(t)$ 一般不大，所以方程中忽略了 $\theta(t)$ 和 $\sin\theta(t)$ 的二次和三次项。

方程中有波浪下划线的为比陆上射击方程多出来的项，有虚下划线的为修改项。

7.3　方程求解

从式（7-2）可以看出，两栖火炮水上射击时的身管横向振动方程比第 6 章所研究的火炮陆上射击时身管横向振动方程更加复杂，又增加了两个随时间 t 变化的变量 $z(t)$ 和 $\theta(t)$。

下面来进行方程求解，求解方法与第 6 章相同，仍然利用第 6 章假设的基础展开函数来进行变量分离，设

$$y(x,t) = \sum_{i=1}^{\infty} \eta_i(t)\phi_i(\chi) \tag{7-3}$$

将式（7-3）代入式（7-2），然后两边同时乘以 $\phi_i(\chi)$，对 x 从 0 到 l（$\chi = {}^{x}\!/_{l}$，对 χ 从 0 到 1）积分，并按 $\eta_i(t)$ 整理。

其他项不变，只对方程中的增加项和修改项进行处理即可。

所以，最后得到的方程应该是：

$$\sum_{i=1}^{\infty} \ddot{\eta}_i(t)\left[\int_0^1 \mu(\chi)\phi_i(\chi)\phi_j(\chi)\mathrm{d}\chi + m\phi_i(\xi/l)\phi_j(\xi/l)\right] + \frac{1}{l^2}\int_0^1 EJ(\chi)\frac{\partial^2\phi_i(\chi)}{\partial\chi^2}\frac{\partial\phi_j(\chi)}{\partial\chi}\mathrm{d}\chi -$$

$$\frac{2}{l}\sum_{i=1}^{\infty}\dot{\eta}_i(t)\int_0^1 \mu(\chi)(i\chi+v)\frac{\partial\phi_i(\chi)}{\partial\chi}\phi_j(\chi)\mathrm{d}\chi + \frac{2m}{l}\sum_{i=1}^{\infty}\dot{\eta}_i(t)\left(-\frac{\xi i}{l}+v\right)\frac{\partial\phi_i(\xi/l)}{\partial\chi}\phi_j(\xi/l) +$$

$$\frac{1}{l^2}\sum_{i=1}^{\infty}\eta_i(t)\int_0^1\left[\left(-l\ddot{i}+2i^2\right)\chi-2vi+l\dot{v}\right]\mu(\chi)\frac{\partial\phi_i(\chi)}{\partial\chi}\phi_i(\chi)\mathrm{d}\chi -$$

$$\frac{m}{l^2}\sum_{i=1}^{\infty}\eta_i(t)\left[\left(l\ddot{i}-2i^2\right)\frac{\xi}{l}\chi+2vi-l\dot{v}\right]\frac{\partial\phi_i(\xi/l)}{\partial\chi}\phi_j(\xi/l) +$$

$$\frac{1}{l^2}\sum_{i=1}^{\infty}\eta_i(t)\int_0^1\left(i^2\chi^2-2vi\chi+v^2\right)\mu(\chi)\frac{\partial^2\phi_i(\chi)}{\partial\chi^2}\phi_j(\chi)\mathrm{d}\chi +$$

$$\sum_{i=1}^{\infty}\eta_i(t)\frac{m}{l^2}\left[i^2\left(\frac{\xi}{l}\right)^2-2vi\frac{\xi}{l}+v^2\right]\frac{\partial^2\phi_i(\xi/l)}{\partial\chi^2}\phi_j(\xi/l) +$$

$$\pi r_1^2 p(\xi,t)\sum_{i=1}^{\infty}\eta_i(t)\int_0^\xi \phi_i''(x)\phi_j(x)\mathrm{d}x +$$

$$\left[\ddot{\theta}(t)\cos\theta(t)-\dot{\theta}^2(t)\sin\theta(t)\right]l\int_0^1 \mu(\chi)\chi\phi_j(x)\mathrm{d}x +$$

$$\left[2v\dot\theta(t)\cos\theta(t)+\dot v\sin\theta(t)\right]\int_0^1\mu(\chi)\phi_j(x)\mathrm{d}x=$$

$$\int_0^1 EA\frac{1}{l^2}\sum_{i=1}^{\infty}\eta_i(t)\frac{\partial^2\phi_i(\chi)}{\partial\chi^2}\left[\frac{1}{l}\sum_{i=1}^{\infty}\eta_i(t)\frac{\partial\phi_i(\chi)}{\partial\chi}\right]^2\phi_j(\chi)\mathrm{d}\chi\;-mg\cos\theta_0\phi_j\left(\xi/l\right)-$$

$$g\cos\theta_0\int_0^1\mu(x)\phi_j(\chi)\mathrm{d}x+\frac{1}{2}\int_0^1 EA\left[\frac{1}{l}\sum_{i=1}^{\infty}\eta_i(t)\frac{\partial\phi_i(\chi)}{\partial\chi}\right]^3\phi_j(\chi)\mathrm{d}\chi-$$

$$m\left[\ddot\theta(t)\cos\theta(t)-\dot\theta^2(t)\sin\theta(t)\right]\xi\phi_j\left(\xi/l\right)-$$

$$m\left[2v\dot\theta(t)\cos\theta(t)+\dot v\sin\theta(t)\right]\phi_j(\xi/l)-mR_s\omega_m^{\,2}\sin(\omega_m t)\phi_i(\xi)+$$

$$\ddot z(t)\sum_{i=1}^{\infty}\int_0^{\xi/l}\mu(x)\phi_j(\chi)\mathrm{d}\chi\;-g\cos\left[\theta_0+\theta(t)\right]\sum_{i=1}^{\infty}\int_0^{\xi/l}\mu(x)\phi_j(\chi)\mathrm{d}\chi+$$

$$\frac{3}{2l^2}E\sin\theta(t)\int_0^1 A(\chi)\left[\sum_{i=1}^{\infty}\eta_i(t)\frac{\partial\phi_i(\chi)}{\partial\chi}\right]^2\phi_j(\chi)\mathrm{d}\chi+$$

$$\frac{2E}{l^3}\sin\theta(t)\int_0^1 A(\chi)\sum_{i=1}^{\infty}\eta_i(t)\frac{\partial\phi_i(\chi)}{\partial\chi}\sum_{i=1}^{\infty}\eta_i(t)\frac{\partial^2\phi_i(\chi)}{\partial\chi^2}\phi_j(\chi)\mathrm{d}\chi \qquad (7\text{-}4)$$

添加比例阻尼后可得到矩阵形式的方程：

$$\left[M(t)\right]\{\ddot\eta(t)\}+\left[C(t)\right]\{\dot\eta(t)\}+\left[K(t)\right]\{\eta(t)\}=\{Q(t)\} \qquad (7\text{-}5)$$

其中

$$M(t)=\int_0^1\mu(x)\phi(\chi)\phi^{\mathrm{T}}(\chi)\mathrm{d}\chi+m\phi(\xi/l)\phi^{\mathrm{T}}\left(\xi/l\right) \qquad (7\text{-}6)$$

$$C(t)=\mathrm{diag}(2\xi\omega)-\frac{2}{l}\int_0^1\mu(\chi)\left(\dot i\chi+v\right)\phi(\chi)\left[\frac{\partial\phi(\chi)}{\partial\chi}\right]^{\mathrm{T}}\mathrm{d}\chi+$$

$$2m\left(\frac{v}{l}-\frac{\xi\dot i}{l^2}\right)\phi(\xi/l)\left[\frac{\partial\phi(\xi/l)}{\partial\chi}\right]^{\mathrm{T}} \qquad (7\text{-}7)$$

$$K(t) = \frac{1}{l^2}\int_0^1 EJ(\chi)\frac{\partial^2\phi(\chi)}{\partial\chi^2}\left[\frac{\partial^2\phi(\chi)}{\partial\chi^2}\right]^{\mathrm{T}}\mathrm{d}\chi + \pi r_1^2 p(\xi,t)\sum_{i=1}^{\infty}\eta_i(t)\int_0^{\xi}\phi_i''(x)\phi_j(x)\mathrm{d}x +$$

$$\frac{1}{l^2}\int_0^1\left[\left(-l\ddot{i}+2\dot{i}^2\right)\chi-2v\dot{i}+l\dot{v}\right]\mu(\chi)\phi(\chi)\left[\frac{\partial\phi(\chi)}{\partial\chi}\right]^{\mathrm{T}}\mathrm{d}\chi -$$

$$\frac{m}{l^2}\left[\left(l\ddot{i}-2\dot{i}^2\right)\frac{\xi}{l}+2v\dot{i}-l\dot{v}\right]\phi(\frac{\xi}{l})\left[\frac{\partial\phi(\frac{\xi}{l})}{\partial\chi}\right]^{\mathrm{T}} +$$

$$\frac{1}{l^2}\int_0^1\left(\dot{i}^2\chi^2-2v\dot{i}\chi+v^2\right)\mu(\chi)\phi(\chi)\left[\frac{\partial^2\phi(\chi)}{\partial\chi^2}\right]^{\mathrm{T}}\mathrm{d}\chi +$$

$$\frac{m}{l^2}\left[\dot{i}^2\left(\frac{\xi}{l}\right)^2-2v\dot{i}\frac{\xi}{l}+v^2\right]\phi(\frac{\xi}{l})\left[\frac{\partial\phi^2(\frac{\xi}{l})}{\partial\chi^2}\right]^{\mathrm{T}} \tag{7-8}$$

$$Q(t) = \frac{1}{2}\int_0^1 EA\phi(\chi)\left\{\left[\frac{1}{l}\sum_{i=1}^{\infty}\eta_i(t)\frac{\partial\phi_i(\chi)}{\partial\chi}\right]^3\right\}^{\mathrm{T}}\mathrm{d}\chi - g\cos[\theta_0+\theta(t)]\int_0^l\mu(x)\phi(x)\mathrm{d}x +$$

$$\int_0^1 EA\frac{1}{l^2}\phi(\chi)\left\{\sum_{i=1}^{\infty}\eta_i(t)\frac{\partial^2\phi_i(\chi)}{\partial\chi^2}\cdot\left[\frac{1}{l}\sum_{i=1}^{\infty}\eta_i(t)\frac{\partial\phi_i(\chi)}{\partial\chi}\right]^2\right\}^{\mathrm{T}}\mathrm{d}\chi -$$

$$mR_s\omega_m^2\sin(\omega_m t)\phi(\xi) - mg\cos[\theta_0+\theta(t)]\phi(\frac{\xi}{l}) +$$

$$\frac{3}{2l^2}E\sin\theta(t)\int_0^1 A(\chi)\phi(\chi)\left\{\left[\sum_{i=1}^{\infty}\eta_i(t)\frac{\partial\phi_i(\chi)}{\partial\chi}\right]^2\right\}^{\mathrm{T}}\mathrm{d}\chi +$$

$$\frac{2E}{l^3}\sin\theta(t)\int_0^1 A(\chi)\phi(\chi)\left[\sum_{i=1}^{\infty}\eta_i(t)\frac{\partial\phi(\chi)}{\partial\chi}\sum_{i=1}^{\infty}\eta_i(t)\frac{\partial^2\phi(\chi)}{\partial\chi^2}\right]^{\mathrm{T}}\mathrm{d}\chi -$$

$$\left[\ddot{\theta}(t)\cos\theta(t)-\dot{\theta}^2(t)\sin\theta(t)\right]l\int_0^1\mu(\chi)\chi\phi(x)\mathrm{d}x +$$

$$\left[2v\dot{\theta}(t)\cos\theta(t)+\dot{v}\sin\theta(t)\right]\int_0^1\mu(\chi)\phi(x)\mathrm{d}x -$$

$$m\left[\ddot{\theta}(t)\cos\theta(t)-\dot{\theta}^2(t)\sin\theta(t)\right]\xi\phi(\xi/l) -$$

$$m\left[2v\dot{\theta}(t)\cos\theta(t)+\dot{v}\sin\theta(t)\right]\phi(\xi/l) - \ddot{z}(t)\int_0^l\mu(x)\phi(x)\mathrm{d}x \tag{7-9}$$

7.4　两栖火炮水上射击时的身管横向振动仿真

7.4.1　数值仿真

本节根据以上所建立的模型和求解方法，以某火炮身管为研究对象，进行数值仿真。

火炮的结构参数、弹丸运动参数、身管后坐复进参数同第 5 章：身管长 4.11 m，内径 0.058 m，外径 0.067～0.167 m，弹丸质量 2.8 kg，最大膛压 313.9 MPa，炮口初速 1 000 m/s，后坐长 0.349 m，后坐时间 0.08 s，复进时间 0.141 5 s。

除以上已知数据外，还需要知道水上射击时车体的运动参数，本次仿真采用的两栖火炮水上射击时车体运动参数是某模型在船池实验室进行射击模拟试验所得到的数据。试验模型如图 7-3 所示。

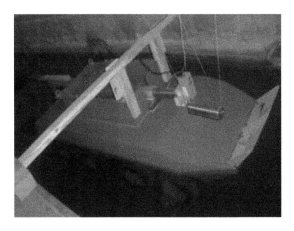

图 7-3　某火炮水上射击模拟试验装置

影响火炮身管横向振动的主要因素是车体升沉和纵摇运动，其位移、速度和加速度曲线如图 7-4～图 7-9 所示。

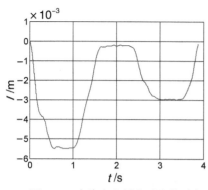

图 7-4　火炮水上射击时车体垂向
振动位移曲线

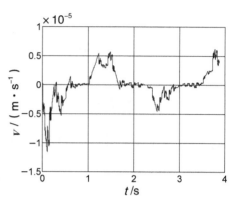

图 7-5　火炮水上射击时车体垂向
振动速度曲线

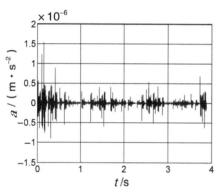

图 7-6　火炮水上射击时车体垂
向振动加速度曲线

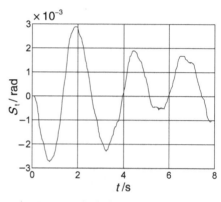

图 7-7　火炮水上射击时车体纵摇
角位移曲线

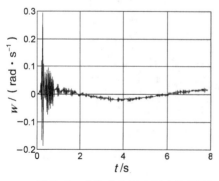

图 7-8　火炮水上射击时车体纵摇
角速度曲线

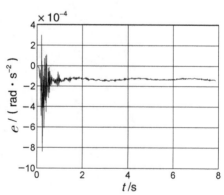

图 7-9　火炮水上射击时车体纵摇
角加速度曲线

　　然后将以上数据作为该火炮身管约束部分的运动参数，由于原实验模型的缩尺比为 1∶4，因此需对数据根据缩尺比进行尺度转化。再根据第 5 章数值仿真时所采用的火炮结构和载荷参数，对该火炮水上射击时身管的振动进行数值仿真，并与陆上射击时的结果进行对比。如图 7-10～图 7-21 所示。

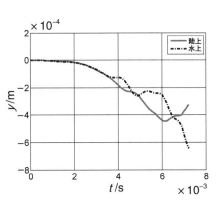

图 7-10　膛内时期炮口横向振动
位移曲线

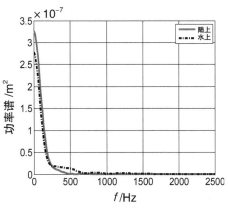

图 7-11　膛内时期炮口横向振动功
率谱曲线

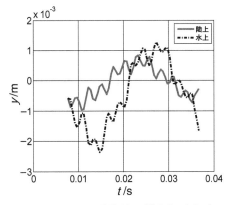

图 7-12　后效期炮口横向振动位移
曲线

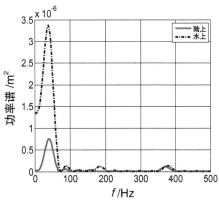

图 7-13　后效期炮口横向振动功
率谱曲线

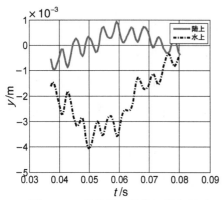

图7-14 惯性后坐期炮口横向振动位移曲线

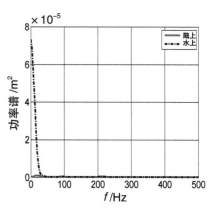

图7-15 惯性后坐期炮口横向振动功率谱曲线

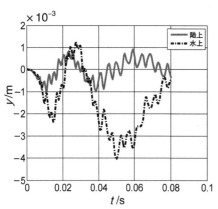

图7-16 后坐过程炮口横向振动位移曲线

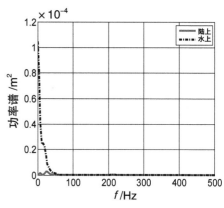

图7-17 后坐过程炮口横向振动功率谱曲线

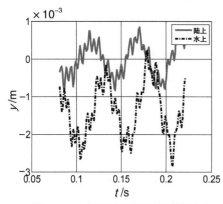

图7-18 复进过程炮口横向振动位移曲线

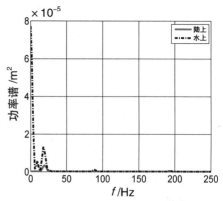

图7-19 复进过程炮口横向振动功率谱曲线

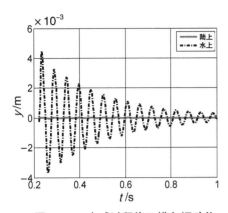

图 7-20　衰减过程炮口横向振动位移曲线

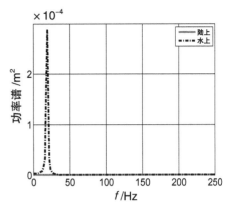

图 7-21　衰减过程炮口横向振动功率谱曲线

7.4.2　结果分析

根据以上仿真结果并与陆上射击时身管振动分析结果对比，可得出以下结论：

（1）水上射击时，由于车体振荡的影响，身管的振动幅度都比陆上射击时大，尤其是后坐过程和自由衰减期。因此，水上射击时射击精度相对更难保证，对火控系统和振动控制的要求更高。

（2）膛内时期的炮口振动规律基本一致，只不过水上射击时振动幅度比陆上射击时要大，最大振幅从 0.000 3 mm 左右增大到 0.000 6 mm 左右，加速度从 2 000 m/s^2 左右增大到 4 000 m/s^2 左右，说明水上射击时，车体的运动对弹丸出炮口时的姿态的影响还是比较大的，特别是在弹丸接近炮口段时；另外还产生一些小幅振动，这是由于车体振荡对原身管的振动产生了调制作用。

（3）在弹丸出炮口后的后效期和惯性后坐阶段，身管振动幅度也有所增大，而且振动规律有了较大的改变，甚至某些时刻的振动方向都是反的，说明由于这一阶段时间相对较长，车体运动对身管振动的影响更加显著。

（4）在复进阶段，由于此时车体的运动幅度已经有了一定程度的衰减，所以对身管振动的影响程度也在下降，振动最大值相差不大，振动规律的变化也比后坐时期要小。

（5）在复进停止后的衰减过程中，由于火炮本身的发射载荷已不存在，其对车体振荡影响的抵制作用消失，所以，车体振荡的影响作用显得特别明显，振动幅度比陆上射击时要大很多倍。但由于此时车体本身运动幅度已不太大，再加上火炮本身有较大的刚度和阻尼，所以衰减还是很快，迅速衰减到很小。

总之，在整个发射过程中，水上射击时火炮身管振动规律更加复杂，比陆上射击时增加了车体的耦合作用，表现出的非线性特性更复杂，振动幅度有了较大提高，射击精度要低于陆上射击，因此必须考虑对其振动进行控制。

7.5 小 结

本章在前几章进行陆上射击时火炮身管振动模型建立和特性分析的基础上，首次建立了考虑车体纵摇和升沉运动的影响的两栖火炮水上射击时身管振动的数学模型，并通过数值仿真对其振动特性进行了分析，为进行两栖火炮水上射击动力学分析奠定了基础。通过仿真得出以下结论：

两栖火炮水上射击时，身管除了受到陆上射击时的所有载荷外，车体的运动对其影响很大，身管的振动幅度都比陆上射击时要大。

车体在水中的运动对火炮身管振动的影响除了使振幅增大外，还会影响相位，并使振动曲线产生小幅振荡。

　　对于两栖武器来说，在保证安全的前提下，提高车体的稳性，并配置性能较好的三向或多向稳定器，才能实现水上射击并保证较高的射击精度，因此对火控系统和射手的操作水平要求更高。

| 第8章 |

两栖火炮水上射击时的身管振动主动控制研究

根据第 7 章的分析结果可知，两栖火炮在水上射击时身管的振动要比陆上射击时大很多，因此，其射击精度更难保证，对射手的要求更高，除了提高火控系统和火炮双向稳定器的性能以及射手的操作水平外，如何设法减小身管特别是炮口的扰动成为摆在我们面前的一项迫切任务，否则即使可以水上射击，但由于精度低，也失去了其实际意义。所以，进行两栖火炮水上射击时的身管振动控制具有十分重要的意义。

对于两栖火炮水上射击时的身管振动控制问题，除了采用在结构设计时设法提高其刚度或安装阻尼吸振器等被动控制措施外，主动控制是最有效的手段。根据以往研究和第七章的分析结果，利用压电类智能材料进行两栖火炮水上射击时的身管振动主动控制应该是很有效的。

因此，对两栖火炮水上射击时的身管振动主动控制仍然采用第 7 章的在身管表面加作动器的控制方案，作动器仍选用书本式压电作动器，采用粘贴的布置方式，控制方案如图 8-1 所示。

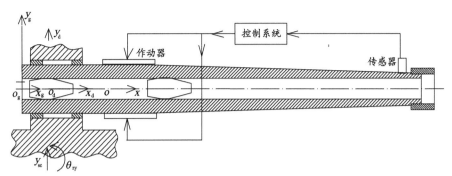

图 8-1　两栖火炮身管水上射击时振动主动控制方案

8.1　两栖火炮水上射击时的身管振动主动控制系统建模

可以采用位移反馈、速度反馈或加速度反馈控制，设比例系数分别为 k_y、k_v 和 k_a。

下面推导位移反馈控制方程。将第 7 章所建立的振动方程［式（7-2）］与第 6 章得到的作动器作动力［式（6-21）］结合起来就可得到：

$$
\begin{aligned}
&(EIy'')'' + \mu\left(\ddot{y} + 2v\dot{y}' + \dot{v}y' + v^2 y''\right) - \frac{1}{2}EA(y')^3 - EAy''(y')^2 + \\
&\mu x\left[\ddot{\theta}(t)\cos\theta(t) - \dot{\theta}^2(t)\sin\theta(t)\right] + \mu\left[2v\dot{\theta}(t)\cos\theta(t) + \dot{v}\sin\theta(t)\right] - \\
&\frac{3}{2}EA(y')^2\sin\theta(t) - 2EAy''y'\sin\theta(t) = \\
&-\pi r_1^2 p(\xi,t)y''(x,t)H(x-\xi) - m\left[\ddot{y} + v^2 y'' + 2v\dot{y}' + \dot{v}y' - g\cos\theta_0\right] - \\
&m\left[x\ddot{\theta}(t)\cos\theta(t) - x\dot{\theta}^2(t)\sin\theta(t) + 2v\dot{\theta}(t)\cos\theta(t) + \dot{v}\sin\theta(t)\right]\delta(x-\xi) - \\
&mR_s\dot{r}^2\sin(\dot{r}t)\delta(x-\xi) + M_f g\cos\theta_0\delta(x-x_f) - \mu(x)g\cos\left[\theta_0 + \theta(t)\right] - \mu(x)\ddot{z}(t) + \\
&(-k_y y)\frac{b}{2}e_{31}\left[n^2\left(t_v + t_p\right) + n\left(t_v + 2r_1\right)\right]t_p R''(x)
\end{aligned}
$$

（8-1）

式（8-1）中，$(-k_y y)\frac{b}{2}e_{31}\left[n^2\left(t_v + t_p\right) + n\left(t_v + 2r_1\right)\right]t_p R''(x)$ 为作动力项，随压电堆层数增多，压电片长度、厚度增加而增大，由式（6-7）可以得到。

仍然利用第 7 章假设的模态来进行变量分离，设

$$
y(x,t) = \sum_{i=1}^{\infty} \eta_i(t)\phi_i(\chi)
$$

（8-2）

$$\chi = \frac{x}{l} \tag{8-3}$$

将式（8-2）代入式（8-1），然后两边同时乘以 $\phi_i(\chi)$，对 x 从 0 到 1 积分，并按 $\eta_i(t)$ 整理就可得到：

$$\sum_{i=1}^{\infty}\ddot{\eta}_i(t)\left[\int_0^1 \mu(\chi)\phi_i(\chi)\phi_j(\chi)\mathrm{d}\chi + m\phi_i(\tfrac{\xi}{l})\phi_j(\tfrac{\xi}{l})\right] + \frac{1}{l^2}\int_0^1 EJ(\chi)\frac{\partial^2\phi_i(\chi)}{\partial\chi^2}\frac{\partial\phi_j(\chi)}{\partial\chi}\mathrm{d}\chi -$$

$$\frac{2}{l}\sum_{i=1}^{\infty}\dot{\eta}_i(t)\int_0^1 \mu(\chi)\left(\dot{i}\chi+v\right)\frac{\partial\phi_i(\chi)}{\partial\chi}\phi_j(\chi)\mathrm{d}\chi + \frac{2m}{l}\sum_{i=1}^{\infty}\dot{\eta}_i(t)\left(-\frac{\xi\dot{i}}{l}+v\right)\frac{\partial\phi_i(\xi/l)}{\partial\chi}\phi_j(\xi/l) +$$

$$\frac{1}{l^2}\sum_{i=1}^{\infty}\eta_i(t)\int_0^1\left[\left(-l\ddot{i}+2\dot{i}^2\right)\chi - 2v\dot{i} + l\dot{v}\right]\mu(\chi)\frac{\partial\phi_i(\chi)}{\partial\chi}\phi_i(\chi)\mathrm{d}\chi -$$

$$\frac{m}{l^2}\sum_{i=1}^{\infty}\eta_i(t)\left[\left(l\ddot{i}-2\dot{i}^2\right)\frac{\xi}{l}\chi + 2v\dot{i} - l\dot{v}\right]\frac{\partial\phi_i(\tfrac{\xi}{l})}{\partial\chi}\phi_j(\tfrac{\xi}{l}) +$$

$$\frac{1}{l^2}\sum_{i=1}^{\infty}\eta_i(t)\int_0^1\left(\dot{i}^2\chi^2 - 2v\dot{i}\chi + v^2\right)\mu(\chi)\frac{\partial^2\phi_i(\chi)}{\partial\chi^2}\phi_j(\chi)\mathrm{d}\chi +$$

$$\sum_{i=1}^{\infty}\eta_i(t)\frac{m}{l^2}\left[\dot{i}^2\left(\frac{\xi}{l}\right)^2 - 2v\dot{i}\frac{\xi}{l} + v^2\right]\frac{\partial^2\phi_i(\tfrac{\xi}{l})}{\partial\chi^2}\phi_j(\tfrac{\xi}{l}) +$$

$$\pi r_1^2 p(\xi,t)\sum_{i=1}^{\infty}\eta_i(t)\int_0^\xi \phi_i''(x)\phi_j(x)\mathrm{d}x +$$

$$\left[\ddot{\theta}(t)\cos\theta(t) - \dot{\theta}^2(t)\sin\theta(t)\right]l\int_0^1 \mu(\chi)\chi\phi_j(x)\mathrm{d}x +$$

$$\left[2v\dot{\theta}(t)\cos\theta(t) + \dot{v}\sin\theta(t)\right]\int_0^1 \mu(\chi)\phi_j(x)\mathrm{d}x =$$

$$\int_0^1 EA\frac{1}{l^2}\sum_{i=1}^{\infty}\eta_i(t)\frac{\partial^2\phi_i(\chi)}{\partial\chi^2}\left[\frac{1}{l}\sum_{i=1}^{\infty}\eta_i(t)\frac{\partial\phi_i(\chi)}{\partial\chi}\right]\phi_j(\chi)\mathrm{d}\chi - mg\cos\theta_0\phi_j(\tfrac{\xi}{l}) -$$

$$g\cos\theta_0\int_0^1 \mu(x)\phi_j(\chi)\mathrm{d}x + \frac{1}{2}\int_0^1 EA\left[\frac{1}{l}\sum_{i=1}^{\infty}\eta_i(t)\frac{\partial\phi_i(\chi)}{\partial\chi}\right]^3\phi_j(\chi)\mathrm{d}\chi -$$

$$m\left[\ddot{\theta}(t)\cos\theta(t) - \dot{\theta}^2(t)\sin\theta(t)\right]\xi\phi_j(\xi/l) -$$

$$m\left[2v\dot{\theta}(t)\cos\theta(t) + \dot{v}\sin\theta(t)\right]\phi_j(\xi/l) - mR_s\omega_m^2\sin(\omega_m t)\phi_i(\xi) +$$

$$\ddot{z}(t)\sum_{i=1}^{\infty}\int_0^{\xi/l}\mu(x)\phi_j(\chi)\mathrm{d}\chi - g\cos\left[\theta_0+\theta(t)\right]\sum_{i=1}^{\infty}\int_0^{\xi/l}\mu(x)\phi_j(\chi)\mathrm{d}\chi +$$

$$\frac{3}{2l^2}E\sin\theta(t)\int_0^1 A(\chi)\left[\sum_{i=1}^{\infty}\eta_i(t)\frac{\partial\phi_i(\chi)}{\partial\chi}\right]^2\phi_j(\chi)\mathrm{d}\chi +$$

$$\frac{2E}{l^3}\sin\theta(t)\int_0^1 A(\chi)\sum_{i=1}^{\infty}\eta_i(t)\frac{\partial\phi_i(\chi)}{\partial\chi}\sum_{i=1}^{\infty}\eta_i(t)\frac{\partial^2\phi_i(\chi)}{\partial\chi^2}\phi_j(\chi)\mathrm{d}\chi +$$

$$\frac{b}{2}e_{31}k_y\left[n^2\left(t_v+t_p\right)+n\left(t_v+2r_1\right)\right]t_p\sum_{i=1}^{\infty}\eta_i(t)\left\{\left[\phi_i(x_2)\phi_j(x_2)\right]' - \left[\phi_i(x_1)\phi_j(x_1)\right]'\right\} \tag{8-4}$$

添加比例阻尼后可得到矩阵形式的方程：

$$[M(t)]\{\ddot{\eta}(t)\}+[C(t)]\{\dot{\eta}(t)\}+[K(t)]\{\eta(t)\}=\{Q(t)\} \qquad (8-5)$$

其中

$$M(t)=\int_0^1 \mu(x)\boldsymbol{\phi}(\chi)\boldsymbol{\phi}^{\mathrm{T}}(\chi)\mathrm{d}\chi+m\boldsymbol{\phi}(\xi/l)\boldsymbol{\phi}^{\mathrm{T}}(\xi/l) \qquad (8-6)$$

$$C(t)=\mathrm{diag}(2\xi\omega)-\frac{2}{l}\int_0^1 \mu(\chi)\left(\dot{i}\chi+v\right)\boldsymbol{\phi}(\chi)\left[\frac{\partial\boldsymbol{\phi}(\chi)}{\partial\chi}\right]^{\mathrm{T}}\mathrm{d}\chi+$$
$$2m\left(\frac{v}{l}-\frac{\xi\dot{i}}{l^2}\right)\boldsymbol{\phi}(\xi/l)\left[\frac{\partial\boldsymbol{\phi}(\xi/l)}{\partial\chi}\right]^{\mathrm{T}} \qquad (8-7)$$

$$K(t)=\frac{1}{l^2}\int_0^1 EJ(\chi)\frac{\partial^2\boldsymbol{\phi}(\chi)}{\partial\chi^2}\left[\frac{\partial^2\boldsymbol{\phi}(\chi)}{\partial\chi^2}\right]^{\mathrm{T}}\mathrm{d}\chi+\pi r_1^2 p(\xi,t)\sum_{i=1}^{\infty}\eta_i(t)\int_0^{\xi}\phi_i''(x)\phi_j(x)\mathrm{d}x+$$

$$\frac{1}{l^2}\int_0^1\left[\left(-l\ddot{i}+2\dot{i}^2\right)\chi-2v\dot{i}+l\dot{v}\right]\mu(\chi)\boldsymbol{\phi}(\chi)\left[\frac{\partial\boldsymbol{\phi}(\chi)}{\partial\chi}\right]^{\mathrm{T}}\mathrm{d}\chi-$$

$$\frac{m}{l^2}\left[\left(\ddot{i}l-2\dot{i}^2\right)\xi/l+2v\dot{i}-l\dot{v}\right]\boldsymbol{\phi}(\xi/l)\left[\frac{\partial\boldsymbol{\phi}(\xi/l)}{\partial\chi}\right]^{\mathrm{T}}+$$

$$\frac{1}{l^2}\int_0^1\left(\dot{i}^2\chi^2-2v\dot{i}\chi+v^2\right)\mu(\chi)\boldsymbol{\phi}(\chi)\left[\frac{\partial^2\boldsymbol{\phi}(\chi)}{\partial\chi^2}\right]^{\mathrm{T}}\mathrm{d}\chi+$$

$$\frac{m}{l^2}\left[\dot{i}^2\left(\xi/l\right)^2-2v\dot{i}\,\xi/l+v^2\right]\boldsymbol{\phi}(\xi/l)\left[\frac{\partial\boldsymbol{\phi}^2(\xi/l)}{\partial\chi^2}\right]^{\mathrm{T}}-$$

$$\frac{b}{2}e_{31}k_y\left[n^2\left(t_v+t_p\right)+n\left(t_v+2r_1\right)\right]t_p\left[\boldsymbol{\phi}\left(\boldsymbol{\phi}'\right)^{\mathrm{T}}+\boldsymbol{\phi}'\boldsymbol{\phi}^{\mathrm{T}}\right]_{x_1}^{x_2} \qquad (8-8)$$

$$Q(t) = \frac{1}{2}\int_0^1 EA\phi(\chi)\left\{\left[\frac{1}{l}\sum_{i=1}^{\infty}\eta_i(t)\frac{\partial\phi_i(\chi)}{\partial\chi}\right]^3\right\}^T d\chi - g\cos[\theta_0 + \theta(t)]\int_0^l \mu(x)\phi(x)dx +$$

$$\int_0^1 EA\frac{1}{l^2}\phi(\chi)\left\{\sum_{i=1}^{\infty}\eta_i(t)\frac{\partial^2\phi_i(\chi)}{\partial\chi^2}\cdot\left[\frac{1}{l}\sum_{i=1}^{\infty}\eta_i(t)\frac{\partial\phi_i(\chi)}{\partial\chi}\right]^2\right\}^T d\chi -$$

$$mR_s\omega_m^2\sin(\omega_m t)\phi(\xi) - mg\cos[\theta_0 + \theta(t)]\phi(\xi/l) +$$

$$\frac{3}{2l^2}E\sin\theta(t)\int_0^1 A(\chi)\phi(\chi)\left\{\left[\sum_{i=1}^{\infty}\eta_i(t)\frac{\partial\phi_i(\chi)}{\partial\chi}\right]^2\right\}^T d\chi +$$

$$\frac{2E}{l^3}\sin\theta(t)\int_0^1 A(\chi)\phi(\chi)\left[\sum_{i=1}^{\infty}\eta_i(t)\frac{\partial\phi(\chi)}{\partial\chi}\sum_{i=1}^{\infty}\eta_i(t)\frac{\partial^2\phi(\chi)}{\partial\chi^2}\right]^T d\chi -$$

$$\left[\ddot{\theta}(t)\cos\theta(t) - \dot{\theta}^2(t)\sin\theta(t)\right]l\int_0^1 \mu(\chi)\chi\phi(x)dx +$$

$$\left[2v\dot{\theta}(t)\cos\theta(t) + \dot{v}\sin\theta(t)\right]\int_0^1 \mu(\chi)\phi(x)dx -$$

$$m\left[\ddot{\theta}(t)\cos\theta(t) - \dot{\theta}^2(t)\sin\theta(t)\right]\xi\phi(\xi/l) -$$

$$m\left[2v\dot{\theta}(t)\cos\theta(t) + \dot{v}\sin\theta(t)\right]\phi(\xi/l) - \ddot{z}(t)\int_0^l \mu(x)\phi(\chi)dx \qquad (8\text{-}9)$$

用同样的方法可以推导出速度反馈和加速度反馈控制方程。

8.2　两栖火炮水上射击时的身管振动主动控制仿真

根据以上控制方程，这里以位移反馈为例，利用 MATLAB 语言编程进行仿真。仿真时所采用的身管模型与第 5 章相同。作动器一共四组，上下各两组，作动器参数如下。

压电片尺寸为 0.15 m × 0.05 m × 1 mm，层数为 20，电压为 200 V。

仿真结果如图 8-2 ～图 8-11 所示。

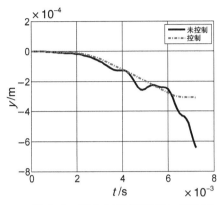

图 8-2　膛内时期炮口横向振动控制位移曲线

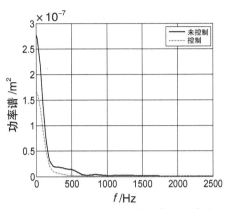

图 8-3　膛内时期炮口横向振动控制功率谱曲线

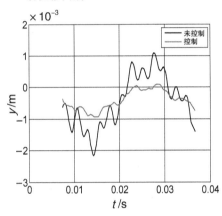

图 8-4　后效期炮口横向振动控制位移曲线

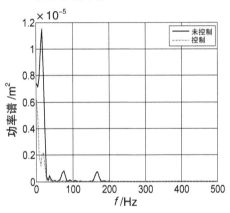

图 8-5　后效期炮口横向振动控制功率谱曲线

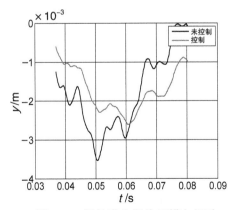

图 8-6　惯性后坐期炮口横向振动控制位移曲线

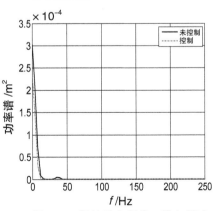

图 8-7　惯性后坐期炮口横向振动控制功率谱曲线

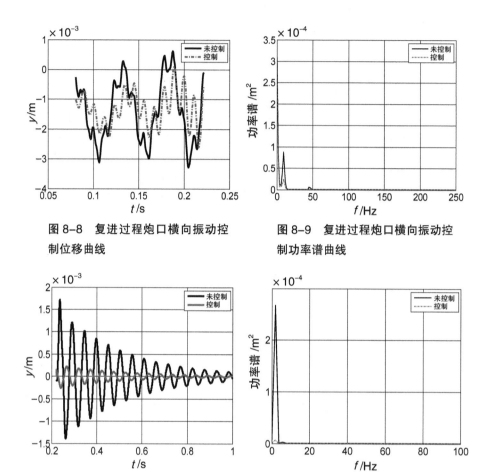

图8-8 复进过程炮口横向振动控制位移曲线

图8-9 复进过程炮口横向振动控制功率谱曲线

图8-10 衰减过程炮口横向振动控制位移曲线

图8-11 衰减过程炮口横向振动控制功率谱曲线

8.3 结果分析

对以上仿真结果进行分析可知：

（1）水上射击时的膛内过程与陆上射击时类似，对弹丸靠近炮口点的时刻所产生的巨大振荡控制效果很好，原因也与陆上射击时相同，由于有效控制了该点前一阶段的振动，因此在该时刻不再产生共振，这对保证和

122

提高火炮水上射击时的射击精度比较有利。

（2）在弹丸出炮口后的后坐阶段和复进阶段，振动的峰值都被有效地抑制下来，而且波形比未控制前更加平滑，说明主动控制不仅对振动的峰值有抑制作用，而且在一定程度上也可使原来车体振荡对身管振动的调制作用减弱，使身管振动平缓，这对提高射击精度也是有利的，要想使此效果更好，可以通过优化控制方法来实现。

（3）在复进停止后的衰减阶段，控制效果更加明显，迅速将振动抑制下来了。

（4）比较起来，水上射击时振动控制幅度更大，原因是水上射击时车体浮于水上，外界扰动对其产生的影响比陆上射击时大。

（5）本次仿真中所用的作动器体积略大，也未经优化设计，要提高作动效果，减小作动电压，必须对作动器结构和控制算法进行优化，以更容易实现工程化。

（6）两栖火炮水上射击时，除了采用本书中提到的振动控制方法外，还要研制合适的三向或多向稳定器，降低车体扰动对射击精度的影响，提高火炮的射击精度。

总之，仿真结果也表明所提出的控制方案是可行的，在进一步改进后可以经实验验证并开展工程化研究。

8.4 小　结

本章在前几章两栖火炮陆上射击时身管振动主动控制研究和两栖火炮水上射击时身管振动特性研究的基础上，首次利用叠层式压电作动器对两栖火炮水上射击时的身管振动进行了主动控制，通过数值仿真对两栖火炮水上射击时身管振动主动控制问题进行了研究。

研究结果表明：利用叠层式压电作动器可对弹丸出炮口时的炮口扰动以及弹丸出炮口后身管的振动进行有效的抑制，并可使原来车体振荡对身管振动的调制作用减弱，使身管振动平缓。所以，利用压电作动器进行火炮身管振动主动控制的方案是可行的，但若要提高控制效果，还要在提高作动器性能、优化作动方式上深入研究。

| 第 9 章 |

几个特殊问题及其他研究方法

9.1 高动载作用下变截面梁振动的几个特殊问题

9.1.1 多移动质量作用下的变截面梁的振动问题

在实际结构中，经常会遇到非单一移动质量作用的情况，梁上承载的是多个移动质量，相当于受到多个移动载荷的作用，如多辆车按顺序过桥、列车过铁路桥、过山车在运行时的轨道振动、传送带上同时传送多个货物时的振动、串联发射火炮的身管振动等。

此类问题的研究思路与第 2 章相同，建立多移动质量作用下梁的模型如图 9-1 所示。

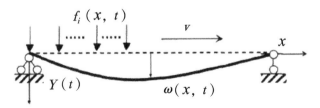

图 9-1 多移动质量作用下梁的模型

多个移动载荷以固定速度通过简支梁。设梁长度为 L，线密度为 $\rho(x)$，外加任意载荷为 $f_i(x, t)$，阻尼系数 C 与梁横向振动速度成正比。梁的变形式处于弹性范围内。

梁微元段的竖向受力平衡方程为

$$Q(x,t) - f(x,t)dx - \left[Q(x,t) + \frac{\partial Q(x,t)}{\partial x}dx \right] + \rho dx = 0 \qquad (9\text{-}1)$$

根据达朗贝尔原理，可得受多匀速移动载荷作用的梁振动方程为

$$EI\frac{\partial^4(x,t)}{\partial x^4} + \rho(x)\frac{\partial^2 w(x,t)}{\partial t^2} + c\frac{\partial w(x,t)}{\partial t} = \sum_{i=1}^{n} P_i \delta[x - v(t-t_i)] S\left[\frac{v(t-t_i)}{L} \right] \quad (9\text{-}2)$$

其中，$\delta(x\text{-}\xi)$ 为狄拉克函数，表示 P_i 作用于梁上的 $x = \xi$ 处。

$$\delta(x\text{-}\xi) = \begin{cases} 1, x = \xi \\ 0, x \neq \xi \end{cases} \qquad (9\text{-}3)$$

$S(\zeta)$ 函数定义见式（9-4），保证移动载荷作用在梁上。

$$S(\zeta) = \begin{cases} 1, & 0 \leq \zeta \leq 1 \\ 0, & \text{else} \end{cases} \qquad (9\text{-}4)$$

后文再用第 2 章的方法对式（9-4）加以处理，分析时注意可能会出现共振现象。

9.1.2 串联发射火炮身管振动问题

串联发射火炮包括串联多药室发射和串联多弹丸发射两类。

串联多药室发射技术是一种新型发射技术，两个药室串联起来间隔点火，通过主副药室的二次点火产生压力，接力推动弹丸持续加速，使其获得高的初速，这是提高火炮初速的一种技术途径（见图 9-2），由此可延伸出多种结构方案。

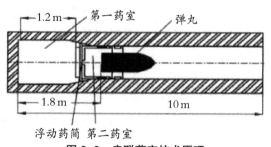

图 9-2 串联药室技术原理

在第二次世界大战时期，德国人首先采用了多药室方案。其后，Jan 和 Sodha 在不考虑各个辅助药室与身管之间流量传递的假设下，建立了多药室武器经典内弹道方程组。Modi J. K. 和 Sharma B. K. 分别给出了考虑温度变化的双药室和多药室武器经典内弹道方程的解析解。Woodley C. R. 给出了串联多药室武器一维内弹道模型及模拟计算结果。国内中北大学和南京理工大学进行过这方面的研究。吕秉锋等人对固体发射药双药室辅助装药内弹道进行了数值模拟。张小兵、袁亚雄等人建立了串联多药室经典内弹道模型并进行了数值模拟。

以串联双药室为例，如图 9-3 所示，弹丸和副药筒相遇，两个移动质量在身管内运动，按照以上对多移动质量的分析方法，再结合第 5 章对火炮身管振动的分析方法，就可以对其振动特性进行分析，然后相应地开展振动主动控制研究。

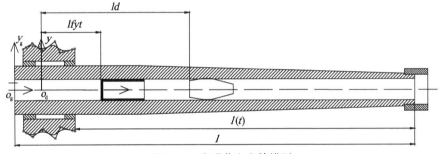

图 9-3　串联药室身管模型

串联多弹丸发射典型代表就是"金属风暴"武器系统，由澳大利亚人 Mike O. Dwyer 发明。将多发弹丸预先装填在一根身管内，弹丸与弹丸间用发射装药隔开，通过电子点火（Firing is Initiated Electronically），火药燃气推动前发弹丸运动，后发弹丸既可在前发弹丸出炮口后点火，也可在前发弹丸还没出炮口就点火，按序依次击发所有弹丸。"金属风暴"串联发射的特点是可同时串联发射多个弹丸，其结构原理如图 9-4 所示。

这是一个典型的多移动质量作用下的梁结构，分析方法同上。

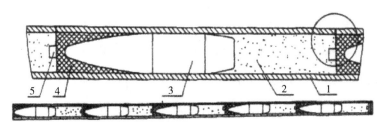

图 9-4　"金属风暴"串联发射原理

9.2　研究高动载作用下变截面梁振动的其他方法

除了利用本书所采用的建模分析方法外，也可利用动力学仿真软件来进行建模分析。常用的是 ADAMS 软件，机械系统动力学自动分析系统（Automatic Dynamic Analysis of Mechanical System），该软件是由美国 MDI（Mechanical Dynamic Inc.）公司开发的虚拟样机分析软件，目前在世界范围内被数百家各行各业的主要制造商所采用。下面介绍建模的基本思路[149]。

（1）建立身管（含膛线）、炮尾、炮口制退器、驻退杆、复进杆等火炮后坐部分主要部件及弹丸、弹带的虚拟样机模型（见图 9-5），该部分实体模型的建立在 Pro/E 与 CATIA 中完成。

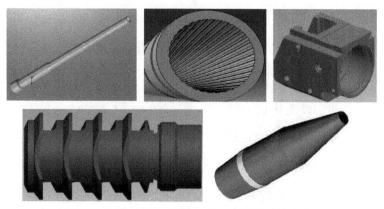

图 9-5　身管、膛线、炮尾、炮口制退器、弹丸模型

（2）应用 ANSYS 对身管模型进行计算模态分析，得出其固有的振动特性，并生成模态中性文件（MNF 文件），将 MNF 文件导入 ADAMS 中形成身管的柔性体模型（见图 9-6），即可模拟身管的弹性，从而更加真实地模拟身管的振动。

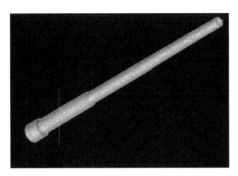

图 9-6 ADAMS 中膛线炮身管柔性体模型

ADAMS/Flex 使用的柔性体是通过 MNF 文件来描述的。MNF 文件是独立于操作平台的二进制文件，它包含结点位置及连接关系、结点质量和惯量、各阶模态、模态质量和模态刚度。可应用 ANSYS 软件来建立身管柔性体的 MNF 文件。

MNF 文件生成过程：

1）将建立好的膛线和无膛线身管模型分别导入 ANSYS 中，并连接为一体。

2）定义单元类型。实体单元选 Solid 45，点质量单元选 Mass 21，给 Mass 21 点质量单元定义实常数，这里选择 Mass 21 点质量单元。

3）定义材料属性。

4）划分网格。

5）建立两个外部连接点。

6）用 Mass 21 单元对上面建立的外部连接点划分网格。

7）建立刚性耦合区。

8）选择模态分析，与 ADAMS 建立连接，输出 MNF 文件。

最后将 ANSYS 输出的 MNF 文件利用 ADAMS/Flex 模块导入 ADAMS 中，即可形成身管的柔性体文件。输入之后再使用 ADAMS/Flex 校验即可。

（3）计算火炮发射时的载荷，包括内弹道的计算，膛压、反后坐装置所提供的力等，定义边界条件，设置接触参数，在 ADAMS/View 中建立火炮发射时的刚柔耦合的动力学模型，如图 9-7 所示。

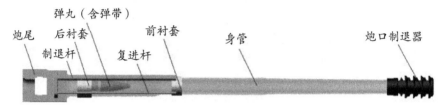

图 9-7　弹炮耦合系统模型

（4）建立摇架、高低齿弧、高低机主齿轮的虚拟样机模型，与炮身部分模型组合构建起落部分模型，设置身管与摇架、高低齿弧与主齿轮接触的参数，施加载荷、定义边界，进行仿真计算。

图 9-8　考虑起落部分的身管振动刚柔耦合虚拟样机模型

通过仿真计算可得到身管各部位的振动参数，分析数据可得到其振动规律。

| 第 10 章 |

结论和展望

10.1　主要结论和创新点

10.1.1　主要结论

本书针对受到高动载作用的复杂变截面梁的振动及振动主动控制问题，以两栖火炮发射时的身管振动问题为典型对象进行研究，先研究移动且旋转的移动载荷作用下梁的振动特性和轴向运动变截面轴向运动梁的振动特性，再研究耦合了以上两种结构特点的旋转、加速移动质量作用下加速运动轴向运动梁的振动，在此基础上又研究了陆上和水上射击时火炮身管的振动特性，并利用压电智能材料实现了振动主动控制。

根据研究结果可得如下结论：

（1）对于移动且旋转的移动载荷作用下梁的振动，移动质量的速度达到速度极限值时会产生频率消失和共振现象，而且移动质量的旋转运动容易与其轴向运动耦合而引起共振，所以在设计这种结构时应注意避开共振点。反映在火炮身管的振动上就是弹炮耦合问题，弹丸在膛内的运动参数直接影响身管的振动，特别是应该考虑弹丸的旋转速度与直线运动速度之比（由膛线的缠角或缠度决定）对炮口的振动和火炮射击精度的影响。

（2）对于轴向运动变截面厚壁圆筒轴向运动梁，梁的轴向运动特别是加速运动达到某一速度后容易出现频率消失而失稳。随着速度的增大，振动能量中高阶频率成分的比例会越来越大，出现内共振的概率增大，因此设计时要对梁截面尺寸和轴向运动速度、加速度进行优化组合，避开内共振点。反映到火炮身管振动上，就是在设计反后坐装置时，除了考虑降低后坐阻力、减小炮架受力、提高稳定性外，还要考虑后坐和复进时后坐部分的运动速度和加速度，避免引起身管的内共振和失稳。

（3）旋转、加速移动质量作用下加速运动轴向运动梁的振动耦合了以上两种振动的特性，非线性现象更加复杂，除了考虑两种振动本身的影响因素外，还要考虑这两种运动之间的耦合问题，它会使共振现象更易出现，规律更难把握。体现在火炮身管振动上，就是弹丸的运动与身管的后坐复进运动会发生耦合共振现象，因此在进行火炮设计时要将反后坐装置设计、身管设计和内弹道设计同时考虑，避免射击时身管出现共振。

（4）火炮陆上射击时，身管受到火药气体、高速旋转且轴向运动的弹丸以及本身轴向运动等多种因素的影响，时变的结构受到高冲击时变载荷作用，是一个双时变系非线性问题。身管振动以低频特别是一阶频率振动为主，膛内时期、后效期和复进初始阶段非线性特性较强，其他时期可按线性处理。在进行火炮总体设计时，在保证战技要求的前提下，应对身管结构尺寸、弹丸膛内速度、膛线的缠角等火炮参数进行合理配置，以免造成炮口扰动过大而影响射击精度，在进行振动控制时，要重视对低频特别是一阶频率振动的控制。

（5）火炮水上射击时，身管除了受到陆上射击时所有载荷作用外，在水作用下的车体运动也会对其产生很大影响，身管的振动都比陆上射击时要大，而且车体在水中的运动对火炮身管振动的影响除了导致振幅增大外，还会影响相位，并使振动曲线产生小幅振荡。因此对于两栖武器来说，在保证安全的前提下，提高车体的稳性，并配置性能较好的稳定器和火控系统，才能实现水上射击并保证较高的射击精度。

（6）利用压电智能材料可以实现对身管振动的主动控制，不管是陆上射击还是水上射击，对弹丸靠近炮口点的时刻所产生的巨大振荡的控制效果比较明显，对于减小炮口振动、提高火炮射击精度是有效和可行的，但要在作动器参数优化、提高作动力、优选控制方法和提高工程适应性方面开展后续研究。

10.1.2　主要创新点

（1）将高速移动且旋转的移动载荷作用下梁的振动以及匀加速运动轴向运动变截面厚壁圆筒轴向运动梁的振动两种非线性振动结合起来，建立了旋转移动质量作用下的轴向运动厚壁圆筒梁的振动方程，提出了一种考虑了轴向运动影响的基础展开函数，利用 Galerkin 法对所建立的方程进行了求解，对移动质量和轴向运动梁的结构和运动参数的影响，特别是梁的轴向运动与移动质量的运动的耦合作用进行了分析，为该类结构的设计、结构优化和减振提供了分析方法，也为进行身管振动分析奠定了基础。

（2）将火炮身管简化为在高速轴向运动且旋转的移动质量的冲击作用下和火药气体引起的 Bourdon 载荷等作用下的轴向运动变截面厚壁圆筒梁，建立了考虑高速运动弹丸的冲击作用、火药气体作用、身管后坐复进运动等的影响，比前人研究更加符合实际、考虑因素更全面的火炮身管振动方程，并首次体现了弹丸旋转运动的耦合作用以及时变的身管长度对振动模态的影响，为火炮发射动力学仿真、火炮射击精度预测、火炮总体结构优化和减振设计提供了更准确的分析计算模型和参考依据。

（3）在陆上射击时身管振动特性分析的基础上，首次建立了考虑车体在水中运动的影响的两栖火炮水上射击时身管振动方程，对车体运动的影响及其振动特性进行了研究，为两栖火炮水上射击动力学仿真和射击精度分析以及振动控制奠定了基础。

（4）首次开展了一种基于叠层式压电作动器进行火炮身管振动主动控制的研究，并进行了数值仿真和部分试验。结果表明：利用压电作动器进行两栖火炮陆上射击和水上射击时身管振动的主动控制，对于减小炮口振动、提高射击精度是有效和可行的，为两栖火炮实现水上射击并保证较好的射击精度提供了新的技术途径。

10.2 展　　望

在本书研究的基础上，下一步可进行以下研究：

（1）进一步研究旋转移动质量作用下的轴向运动厚壁圆筒梁的非线性振动特性，更深入地研究各参数的影响。

（2）进一步完善火炮身管振动模型，进一步考虑弹炮耦合作用和弹炮间隙等的影响，以及火炮内弹道参数和后坐复进运动对身管振动的影响。另外，影响身管振动的因素除身管本身柔性外，还包括高低机、平衡机对身管的支撑作用，所以完整的模型应包括这部分的作用。

（3）对两栖火炮水上射击时身管的振动研究应在本研究的基础上，以全炮整体为研究对象，准确建立各部分模型，基于刚柔耦合动力学知识，并考虑水对全炮的流固耦合作用，进行全炮发射动力学研究，这是一项复杂的工作。

（4）对于火炮身管振动主动控制，本书只进行了初步研究，后续可开展的内容很多，可以对本书提出的控制方案进一步优化和完善，如对作动器的结构、位置和其他参数进行优化，提高控制力，开展作动器抗冲击和抗高温能力研究等。

（5）可以考虑使用其他形式的作动器的可行性，针对提出的"要进一步考虑身管支撑作用影响的身管振动模型"，相应的控制方案也要作相应改变，考虑在支撑上附加其他作动器来进行控制。

（6）串联发射技术是能有效提高火炮初速的技术途径，由于多药室火药气体的共同作用，以及多个移动质量的影响，身管振动问题更加复杂，后续可以进一步深入研究，探寻其振动特性与振动主动控制技术。

总之，本书介绍的是一项具有重要理论和工程应用价值的非常有意义的研究，所要开展的研究内容很多，应用前景广阔，应继续深入开展这方面的研究。

参考文献

[1] 潘玉田，郭保全，马新谋，等.炮身设计 [M].北京：兵器工业出版社，2007.

[2] 郭保全，谢石林，张希农，等.高速移动载荷冲击作用下轴向运动梁的非线性振动 [C]// 朱位秋.第九届全国振动理论及应用学术会议论文集.杭州：浙江大学出版社，2007：51.

[3] 王福明，潘丹阳，潘玉田.火炮身管振动响应的智能控制研究 [J].火炮发射与控制学报，1998（3）：4-7.

[4] 陶宝祺.智能材料结构 [M].北京：国防工业出版社，1999.

[5] 潘玉田，郭保全，张希农.智能结构在厚壁圆筒振动控制中的应用研究 [J].火炮发射与控制学报，2004（3）：69-72.

[6] 欧阳光耀，王树宗，王德石.火炮身管振动吸振的原理与实验研究 [J].南京理工大学学报，1999（5）：409-413.

[7] 余海，钱林方，郭治，等.身管振动主动控制中传感 / 作动器的位置优化 [J].弹道学报，2000（4）：68-71.

[8] 胡红生.移动质量激励梁振动主动控制研究 [D].南京：南京理工大学，2005.

[9] 潘玉田，郭保全.轮式自行火炮总体技术 [M].北京：北京理工大学出版社，2009.

[10] 潘玉田，谌勇，郭保全.一种轮式自行火炮水上射击动力学分析的方法 [J].火炮发射与控制学报，2002（2）：29-33.

[11] 谈乐斌,张相炎,管红根,等.火炮概论 [M].北京:北京理工大学出版社, 2005.

[12] WILLIS R. The effect produced by causing weights to travel over elastic bars[M].London：H. M. Stationery Office，1849.

[13] ROBINSON S W.Vibration of bridges[J]. ASCE Transactions，1887，16（1）: 42–65.

[14] TIMOSHENKO S P. On the forced vibrations of bridges[J]. Philosophical Magazine，1922，43（257）：1018–1019.

[15] MUCHNIKOV V M. Some methods of computing vibration of elastic systems subjected to moving loads[M]. Moscow：Gosstroiizdat，1953.

[16] MISE K，KUNII S. A theory for the forced vibration of a railway bridge under the action of moving loads[J]. Journal of Mechanics & Applied Mathematics，1956，9（2）：195–206.

[17] CHU K H，GARG V K，WIRIYACHAI A. Dynamic interaction of railway train and bridges[J]. Vehicle System Dynamics，1980，9（4）：207–236.

[18] 陈英俊.车辆荷载下梁桥振动基本理论的演进 [J].桥梁建设,1975（2）: 21–36.

[19] 何度心.桥梁振动研究 [M].北京：地震出版社,1989.

[20] 李国豪.桁梁桥的扭转、稳定和振动 [M].北京：人民交通出版社,1978.

[21] 松浦章夫，涌井一.鉄道車両の走行性からみた長大吊橋の折れ角限度 [C]// 日本土木学会.土木学会論文報告集.東京：日本土木学会, 1979：41–51.

[22] 松浦章夫.高速鉄路における車輌と橋桁の動的挙動に関する研究 [C]// 日本土木学会.土木学会論文報告集.東京：日本土木学会,1976： 35–47.

[23] CHU K H, GARG V K, DHAR C L. Railway-bridge impact: simplified train and bridge model[J]. Journal of the Structure Division, 1979, 105（9）: 1823-1844.

[24] CHU K H, GARG V K, WIRIYACHAI A. Dynamic interaction of railway train and bridge[J]. Vehicle System Dynamics, 1980, 9（4）: 207-236.

[25] OLSSON M. On the foundational moving load problems[J].Journal of Sound & Vibration, 1991, 145（2）: 299-307.

[26] YANG Y B, YAU J D, HSU L C. Vibration of simple beams due to trains moving at high speeds[J]. Engineering Structures, 1997, 19（11）: 936-944.

[27] GREEN M F, CEBON D, COLE D J. Effects of vehicle suspension design on dynamics of highway bridges[J]. Journal of Structural Engineering, 1995, 121（2）: 272-282.

[28] 曾庆元. 弹性系统动力学总势能不变值原理 [J]. 华中理工大学学报, 2000, 28（1）: 1-3.

[29] 郭向荣, 曾庆元. 高速铁路结合梁桥与列车系统振动分析模型 [J]. 华中理工大学学报, 2000, 28（3）: 60-62.

[30] 潘家英, 张国政, 程庆国. 大跨度桥梁极限承载力的几何与材料非线性耦合分析 [J]. 土木工程学报, 2000, 33（1）: 5-8.

[31] 潘家英, 余振生, 辛学忠, 等. 大跨径独塔斜拉桥全桥空间模型试验与分析 [J]. 土木工程学报, 1998, 31（5）: 3-14.

[32] 杨岳民. 大跨度铁路桥梁车桥动力响应理论分析及试验研究 [D]. 北京: 铁道部科学研究院, 1995.

[33] 高芒芒. 高速铁路列车 - 线路 - 桥梁耦合振动及列车走行性研究 [D]. 北京: 铁道部科学研究院, 2001.

[34] 夏禾，张宏杰，曹艳梅，等．车桥耦合系统在随机激励下的动力分析
    及其应用 [J]．工程力学，2003，20（3）：142–149．

[35] XIA H，DE ROECK G，ZHANG H R，et al. Dynamic analysis of train-
    bridge system and its application in steel girder reinforcement[J]. Journal of
    Computers and Structures，2001，79（20/21）：1851–1860．

[36] 夏禾．车辆与结构动力相互作用 [M]．北京：科学出版社，2002．

[37] 曹雪琴,刘必胜,吴鹏贤．桥梁结构动力分析 [M]．北京:中国铁道出版社,
    1997．

[38] 曹雪琴，顾萍．沪宁线限速钢梁桥提速试验与分析 [J]．上海铁道科技，
    2000（3）：14–16．

[39] 凌知民，曹雪琴，项海帆．铁路高墩连续梁桥车桥耦合振动响应分析 [J]．
    铁道学报，2002，24（5）：98–102．

[40] 李小珍，喻璐，强士中．不同主梁竖曲线下大跨度斜拉桥的车桥耦合
    振动分析 [J]．振动与冲击，2003，22（2）：43–46．

[41] 李小珍．高速铁路列车 – 桥梁系统耦合振动理论及应用研究 [D]．成都：
    西南交通大学，2000．

[42] 李小珍，强士中．列车 – 桥梁耦合振动研究的现状与发展趋势 [J]．铁道
    学报，2002，24（5）：112–120．

[43] 蔡成标．高速铁路列车 – 线路 – 桥梁耦合振动理论及应用研究 [D]．成都:
    西南交通大学，2004．

[44] 沈火明．移动荷载作用下桥梁的振动理论及非线性研究 [D]．成都：西
    南交通大学，2005．

[45] 彭献，刘子建，洪家旺．匀变速移动质量与简支梁耦合系统的振动分
    析 [J]．工程力学，2006，23（6）：25–29．

[46] 肖新标，沈火明 . 移动荷载作用下桥梁的系统仿真 [J]. 振动与冲击，2005，24（1）：121-123.

[47] 陈炎，黄小清，马友发 . 车桥系统的耦合振动 [J]. 应用数学与力学，2004，25（4）：354-358.

[48] 李军强，刘宏昭，何钦象，等 . 车 – 桥系统耦合振动响应的简便计算 [J]. 应用力学学报，2004，21（2）：66-69.

[49] 张庆，史家钧，胡振东 . 车辆 – 桥梁耦合作用分析 [J]. 力学季刊，2003，24（4）：577-584.

[50] 卢胜文 . 车 – 桥耦合非线性振动研究 [D]. 天津：天津大学，2005.

[51] 张伟 . 汽车荷载作用下桥梁的动力反应分析 [D]. 长沙：湖南大学，2005.

[52] 姜沐 . 移动质量载荷在梁中激起的振动 [J]. 力学与实践，2002，24（6）：44-47.

[53] 杨予，滕念管，黄醒春，等 . 承受移动均布质量的简支梁振动反应分析 [J]. 振动与冲击，2005，24（3）：19-26.

[54] ZHANG T，GE S S，HANG C C. Adaptive neural network control for strict-feedback nonlinear systems using backstepping design[J]. Automatica，2000，36（12）：1835-1846.

[55] 孙长乐 . 桥梁振动主动控制研究 [D]. 大连：大连理工大学，2005.

[56] 肖艳平，沈火明 . 利用 MTMD 控制桥梁竖向振动的初步研究 [J]. 噪声与振动控制，2005（4）：14-17.

[57] 彭献，殷新锋，茆秋华，等 . 车 – 桥系统的振动分析及控制 [J]. 动力学与控制学报，2006，4（3）：253-258.

[58] 徐家云，蹇元平，常银昌，等 . 磁流变阻尼器的桥梁振动控制 [J]. 自然灾害学报，2007，16（4）：82-85.

[59] 刘嘉 . 车桥耦合振动及智能控制的研究 [D]. 武汉：武汉理工大学，2004.

[60] SUGIYAMA Y，KATAYAMA T，KANKI E，et al. Stabilization of cantilevered flexible structures by means of an internal flowing fluid[J]. Journal of Fluids and Structures，1996，10（6）：653–661.

[61] DOKI H，HIRAMOTO K，SKELTON R E. Active control of cantilevered pipes conveying fluid with constraints on input energy[J]. Journal of Fluids and Structures，1998，12（5）：615–628.

[62] LIN Y H，CHU C L. Active flutter control of a cantilever tube conveying fluid using piezoelectric actuators[J].Journal of Sound and Vibration，1996，196（1）：97–105.

[63] 邹光胜，金基铎，闻邦椿 . 受约束悬臂输流管振动的最优控制 [J]. 东北大学学报（自然科学版），2004，25（3）：27–29.

[64] 任建亭，林磊，姜节胜 . 管道轴向流固耦合振动的行波方法研究 [J]. 航空学报，2006，27（2）：280–284.

[65] AITKEN J. An account of some experiments on rigidity produced by centrifugal force[J]. The London，Edinburgh，and Dublin Philosophical Magazine and Journal of Science，1878，5（29）：81–105.

[66] WICKER J A，MOTE C D JR. Current research on the vibration and stability of axially–moving materials[J]. The Shock and Vibration Digest，1988，20（5）：3–13.

[67] PELLICANO F，VESTPWNI F. Nonlinear dynamics and bifuecations of an axially moving bean[J]. Journal of Vibration and Acoustics，2000，122（1）：21–30.

[68] CHEN L Q. Analysis and control of transverse vibrations of axially moving strings[J]. Applied Mechanics Reviews，2005，58（2）：91–116.

[69] THURMAN A L，MOTE C D JR. Free，periodic，nonlinear oscillation of an axially moving strip[J]. Journal of Applied Mechanics，1969，36（1）：83–91.

[70] KOIVUROVA H, SALONEN E M. Comments on non-linear formulations for travelling string and beam problems[J]. Journal of Sound and Vibration, 1999, 225（5）: 845-856.

[71] MOTE C D JR. On the nonlinear oscillation of an axially moving string[J]. Journal of Applied Mechanics, 1996, 33（2）: 463-464.

[72] CHONAN S. Steady state response of an axially moving strip subjected to a stationary lateral load[J]. Journal of Sound and Vibration, 1986, 107（1）: 155-165.

[73] ÖZ H R, PAKDEMIRLI M, BOYACI H. Nonlinear vibrations and stability of an axially moving beam with time – dependent velocity[J]. International Journal of Non-linear Mechanics, 2001, 36（1）: 107-115.

[74] WICKERT J A. Non-linear vibration of a traveling tensioned beam[J]. International Journal of Non-linear Mechanics, 1992, 27（3）: 503-517.

[75] YANG X D, CHEN L Q. Nonlinear forced vibration of axially moving viscoelastic beams[J]. Acta Mechanica Solida Sinica, 2006, 19（4）: 365-373.

[76] PELLICANO F, FREGOLENT A, BERTUZZI A, et al. Primary and parametric nonlinear resonances of a power transmission belt: experimental and theoretical analysis[J].Journal of Sound and Vibration, 2001, 244（4）: 669-684.

[77] ÖZ H R. On the vibrations of an axially traveling beam on fixed supports with variable velocity[J]. Journal of Sound and Vibration, 2001, 239（3）: 556-564.

[78] CHEN L Q, YANG X D. Vibration and stability of an axially moving viscoelastic beam with hybrid supports[J]. European Journal of Mechanics-A/ Solids, 2006, 25（6）: 996-1008.

[79] CHEN L Q，YANG X D. Nonlinear free vibration of an axially moving beam: comparison of two models[J]. Journal of Sound and Vibration，2007，299（1/2）：348-354.

[80] MOCKENSTRURM E M，GUO J P. Nonlinear vibration of parametrically excited，viscoelastic，axially moving strings[J]. Journal of Applied Mechanics，2005，72（3）：374-380.

[81] YANG X D，CHEN L Q. Bifurcation and chaos of an axially accelerating viscoelastic beam[J].Chaos，Solitons & Fractals，2005，23（1）：249-258.

[82] 杨晓东 . 轴向运动黏弹性梁的横向振动分析 [D]. 上海：上海大学，2004.

[83] CHEN L Q，YANG X D. Steady-state response of axially moving viscoelastic beams with pulsating speed：comparison of two nonlinear models[J]. International Journal of Solids and Structures，2005，42（1）：37-50.

[84] CHEN L Q，YANG X D. Transverse nonlinear dynamics of axially accelerating viscoelastic beams based on 4-term Galerkin truncation[J]. Chaos，Solitons & Fractals，2006，27（3）：748-757.

[85] YANG X D，CHEN L Q. Steady-state response of axially moving viscoelastic beams on a vibrating foundation[J]. Acta Mechanica Solida Sinica，2006，19（4）：365-373.

[86] CHEN L Q，YANG X D. Nonlinear free transverse vibration of an axially moving beam：comparison of two models[J]. Journal of Sound and Vibration，2007，299（1/2）：348-354.

[87] 陈树辉，黄建亮 . 轴向运动梁非线性振动内共振研究 [J]. 力学学报，2005，37（1）：57-63.

[88] SZE K Y，CHEN S H，HUANG J L. The incremental harmonic balance method for nonlinear vibration of axially moving beams[J].Journal of Sound and Vibration，2005，281（3/4/5）：611-626.

[89] 陈树辉，黄建亮，佘锦炎．轴向运动梁横向非线性振动研究 [J]. 动力学与控制学报，2004，2（1）：40-45.

[90] 黄建亮，陈树辉．轴向运动体系横向非线性振动的联合共振 [J]. 振动工程学报，2005，18（1）：19-23.

[91] 黄建亮，陈树辉．不同运动速度下轴向运动梁的非线性振动研究 [J]. 中山大学学报（自然科学版），2008，47（增刊2）：1-4.

[92] 朱桂东，邵成勋，王本利．伸展悬臂梁动态特性分析 [J]. 宇航学报，1997，18（2）：78-82.

[93] 程绪铎，王照林，李俊峰．航天器挠性梁伸展动力学特性数值分析 [J]. 固体力学学报，2001，22（1）：104-110.

[94] ERENGIL M. 10th U. S. Army Gun Dynamics Symposium Proceedings [M]. Austin：Institute for Advanced Technology，The University of Texas at Austin，2002.

[95] 王宝元，马春茂．国外火炮动力学发展综述 [J]. 火炮发射与控制学报，2009（3）：93-96

[96] 陈世业．自行火炮弹炮多体发射系统动力学仿真研究 [D]. 南京：南京理工大学，2013.

[97] 潘玉田，郭保全，李霆．轮式自行榴弹炮总体结构动力学仿真 [J]. 火炮发射与控制学报，2003（1）：8-11.

[98] 杨国来，杨军荣，陈运生．某自动迫击炮动力学参数影响规律研究 [J]. 弹道学报，2004，16（1）：19-23.

[99] 刘雷，陈运生 . 身管多体动力学模型研究 [J]. 南京理工大学学报（自然科学版），2005，29（3）：267-269.

[100] 郭保全，曹麟春，潘玉田 . 一种闭气炮闩开关闩动力学分析 [J]. 火炮发射与控制学报，1999（3）：10-15.

[101] 郭保全，侯宏花，潘玉田 . 改进的速度矩阵法在火炮动力学上的应用研究 [J]. 华北工学院学报，2002，23（1）：50-55.

[102] 楚志远，杨国来，陈运生 . 自行火炮非线性有限元动力学仿真方法研究 [J]. 兵工学报，2001，22（2）：270-272.

[103] 张太平，邵中年，周发明，等 . 某车载炮系统振动特性研究 [J]. 火炮发射与控制学报，2007（1）：62-66.

[104] 康新中，吴三灵，马春茂 . 火炮系统动力学 [M]. 北京：国防工业出版社，1999.

[105] 何永，高树滋 . 火炮运动与身管振动耦合关系的研究 [J]. 火炮发射与控制学报，1996（1）：42-46.

[106] 闵建平，陈运生，杨国来 . 身管柔性对炮口扰动的影响 [J]. 火炮发射与控制学报，2000（2）：28-31.

[107] 何水清，张家泰，杨波，等 . 炮身的双时变横向振动分析 [J]. 兵工学报，1995（2）：13-18.

[108] 马吉胜，王瑞林 . 弹炮耦合问题的理论模型 [J]. 兵工学报，2004（1）：73-77.

[109] 姜沐，郭锡福 . 弹丸加速运动在身管中激发的振动 [J]. 弹道学报，2002，14（3）：58-62.

[110] 周叮，谢玉树 . 弹丸膛内运动引起炮管振动的小参数解法 [J]. 振动与冲击，1999，18（1）：76-81.

[111] 顾仲权，马扣根，陈卫东. 振动主动控制 [M]. 北京：国防工业出版社，1997.

[112] 胡海岩，郭大蕾，翁建生. 振动半主动控制技术的进展 [J]. 振动、测试与诊断，2001，21（4）：235-244.

[113] 张景绘，李宁，李新民，等. 一体化振动控制：若干理论、技术问题引论 [M]. 北京：科学出版社，2005.

[114] 李俊宝，张景绘，任勇生，等. 振动工程中智能结构的研究进展 [J]. 力学进展，1999，29（2）：165-177.

[115] 欧进萍. 结构振动控制：主动、半主动和智能控制 [M]. 北京：科学出版社，2003.

[116] 史跃东，王德石. 高斯最小拘束原理在火炮振动分析中的应用 [J]. 火炮发射与控制学报，2009（4）：26-30.

[117] 杨富锋，芮筱亭，王强，等. 多管火箭起始扰动控制研究 [J]. 南京理工大学学报（自然科学版），2010，34（1）：61-65.

[118] 毛保全，穆歌. 自行火炮总体结构参数的优化设计研究 [J]. 兵工学报，2003，24（1）：5-9.

[119] 欧阳光耀，王树宗，王德石. 火炮身管振动吸振的原理与实验研究 [J]. 南京理工大学学报，1999，23（5）：409-413.

[120] CHAKKA V，TRABIA M B，O' TOOLE B，et al. Modeling and reduction of shocks on electronic components within a projectile[J]. International Journal of Impact Engineering，2008，35（11）：1326-1338.

[121] SU Y A，TADJBAKHSH I G. Transient vibrations and instability in flexible guns：I. Formulations[J].International Journal of Impact Engineering，1991，11（2）：159-171.

[122] MATTICE M S，LAVIGNA C. Innovative active control of gun barrels using smart materials[C]// VARADAN V V，CHANDRA J. Smart Structures and Materials 1997：Mathematics and Control in Smart Structures. Bellingham：International Society for Optical Engineering，1997：630-641.

[123] ALLAEI D，TARNOWSKI D，MATTICE M S，et al. Smart isolation mount for army guns：I. Preliminary results[C]// VARADAN V K. Smart Structures and Materials 2000：Smart Electronics and MEMS. Bellingham：International Society for Optical Engineering，2000：70-77.

[124] TRIKANDE M W，KARVE N K，RAJ A，et al. Semi-active vibration control of an 8×8 armored wheeled platform[J]. Journal of Vibration and Control，2018，24（2）：283-302.

[125] KIEHL M Z，JERZAK W. Modeling of passive constrained layer damping as applied to a gun tube[J]. Shock and Vibration，2001，8（3/4）：123-129.

[126] 杨楚泉. 水陆两栖车辆原理与设计 [M]. 北京：国防工业出版社，2003.

[127] 居乃鵕. 两栖车辆水动力学分析与仿真 [M]. 北京：兵器工业出版社，2005.

[128] JU N J. Hydrodynamics research on amphibious vehicle systems：modeling theory[J]. Journal of China Ordnance，2006（1）：14-21.

[129] JU N J. Hydrodynamics research on amphibious vehicle systems：engineering application[J]. Journal of China Ordnance，2006（2）：87-95.

[130] 王涛，徐国英，郭齐胜. 两栖车辆水上动态性能数值模拟方法及其应用 [M]. 北京：国防工业出版社，2009.

[131] 谌勇，潘玉田. CAD 二次开发在两栖战斗车辆静水特性分析中的应用 [J]. 火炮发射与控制学报，2001（3）：15-18.

[132] 郭保全，潘玉田，谌勇，等 . CAD 二次开发进行两栖装甲车水上性能分析 [J]. 华北工学院学报，2003，24（3）：170-173.

[133] 潘玉田，刘肖川 . 两栖车载减摇控制系统探讨 [J]. 火炮发射与控制学报，2004（1）：62-64.

[134] 潘玉田，雷建宇，马新谋，等 . 提高两栖战斗车辆水上航速的研究 [J]. 火炮发射与控制学报，2005（3）：69-72.

[135] 马新谋，潘玉田，马昀 . 两栖作战武器线性横摇运动动力学分析 [J]. 火炮发射与控制学报，2008（2）：85-88.

[136] 郭昭蔚，潘玉田，范昱珩，等 . 两栖轮式自行火炮航行阻力研究 [J]. 火炮发射与控制学报，2010（2）：39-43.

[137] 李美彦，郭保全，潘丹阳 . 基于 Solidworks 二次开发的两栖武器浮心与浮态计算方法研究 [J]. 火炮发射与控制学报，2010（3）：5-8.

[138] 潘玉田，谌勇，郭保全 . 一种轮式自行火炮水上射击动力学分析的方法 [J]. 火炮发射与控制学报，2002（2）：29-33.

[139] 芮筱亭，杨启仁 . 弹丸发射过程理论 [M]. 南京：东南大学出版社，1992.

[140] 金志明，翁春生 . 高等内弹道学 [M]. 北京：高等教育出版社，2003.

[141] 高树滋，陈运生，张月林，等 . 火炮反后坐装置设计 [M]. 北京：兵器工业出版社，1995.

[142] 郭保全，谢石林，张希农，等 . 高速移动载荷冲击作用下轴向运动梁的非线性振动 [C]// 朱位秋 . 第九届全国振动理论及应用学术会议论文集 . 杭州：浙江大学出版社，2007：51.

[143] GUO B Q, ZHANG X N, XIE S L. The non-linear vibration of axially moving stepped beam impacted by high-speed moving and rotating load[C]// CHEN Z, JIANG J, MA X. Proceedings of the 14th International Symposium on

Applied Electromagnetics and Mechanics. Tokyo: Japan Society of Applied Electromagnetics and Mechanics，2009：565–566.

[144] 华恭，伊玲益 . 火炮自动机设计 [M]. 北京：国防工业出版社，1976.

[145] 张希农，谢石林，李俊宝，等 . 书本式分布作动器及可控约束阻尼层结构控制的实验研究 [J]. 西安交通大学学报，1999，33（10）：77–81.

[146] 谢石林，张希农 . 书本式压电作动器的特性分析 [J]. 振动工程学报，2004，17（1）：112–115.

[147] GUO B Q，ZHANG X N，PAN Y T. Study of the application on the intelligent control of guns vibration[C]// WEN T D. Proceedings of 6th International Symposium on Test and Measurement（ISTM/2005）. Beijing: International Academic Publishers Ltd，2005: 1829–1832.

[148] GUO B Q，PAN Y T，ZHANG X N. The analysis and smart control of gun barrels Vibration[C]// WEN T D. Proceedings of 7th International Symposium on Test and Measurement（ISTM/2007）. Beijing：International Academic Publishers Ltd，2007 : 4040–4043.

[149] 郭保全，刘佳 . 弹性身管的弹炮耦合问题研究 [J]. 机械强度，2013，35（3）：297–301.

高动载作用下变截面梁振动主动控制技术研究